近藤誠司 著
KONDO Seiji

運用改善の教科書

クラウド時代にも困らない、
変化〇〇〇〇〇〇るための
シス〇〇〇

JN028106

技術評論社

はじめに

　システム運用はいま、転換期を迎えています。要因は 2 つあります。1 つ目は世界のデジタル化が進み、IT が完全に社会インフラとなったこと。もう 1 つは、デジタル化に伴いあらゆるビジネスがサービス化してきていることです。

　運用者が維持管理している対象はシステムからサービスへ変化してきています。IT のテクノロジーは、すぐに簡単に利用できるクラウドサービスが中心となり、運用の負担の少ないマネージドサービスも充実してきています。サービスが扱うデータ量はこれまでとは比べものにならないぐらい膨大な量となり、この巨大なデータを分析して新しい価値を生み出すことが、新しい商品を生み出すことと同じぐらい重要になっています。テクノロジーとデータが密結合していたシステムは解体されて、サービス間をデータが行き交うようになります。それは徐々にですが、運用の考え方を本質的に変えてきています。

・そんな状況に対応するために必要な運用ルールは？
・IT を超えたサービスマネジメントの時代にフィットさせるためには、どのような運用改善が必要なのか？
・サービスの基盤となるクラウドサービスはどう管理するのか？
・サービス間を飛び交う情報のセキュリティはどう考えるのか？
・サービスを運用して継続的に改善を行っていくためには、メンバーにはどんなスキルが必要なのか？

　本書は、これらを考えていくために必要なエッセンスをまとめました。これまでのように、決められたことを決められた手順で作業していればよいという時代は終わりとなるでしょう。世界の変化に合わせて新しいルールを整えて、常に変化し続ける運用チームを作り上げなければなりません。

▶図　運用設計の教科書との関係

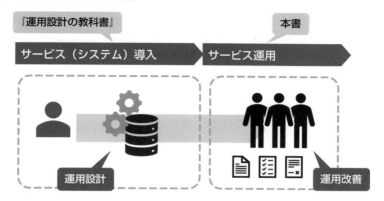

　本書は前著『運用設計の教科書 現場で困らない IT サービスマネジメントの実践ノウハウ』（以下、運用設計の教科書）と少しだけ関連性があります。『運用設計の教科書』では、これから導入するシステムの運用範囲とやるべきことを明確にする方法について解説しました。本書では、**導入されたサービスやシステムをどのように効率的に運用していくか、そして改善していくか**を解説しています。

　本書だけを読んでも理解できる作りになっていますが、より理解を深めたい場合は『運用設計の教科書』もご一読いただけると幸いです。

『運用設計の教科書 〜現場で困らない
IT サービスマネジメントの実践ノウハウ』
日本ビジネスシステムズ株式会社 近藤誠二 著／
技術評論社／ 2019 年

■本書の構成

　本書の構成は、運用改善の流れについて説明した前半部分と、運用改善に必要となる要素を説明した後半部分の大きく2つのブロックに分かれています。

運用改善の流れ

・1章　運用の変化と運用改善の目的
　新たな運用ルールや、継続的な運用改善が必要とされている背景と目的を解説します。

・2章　運用ルールを見直す
　サービスを運用していく上で必要となる運用ルールの見直しと、ドキュメントによるプロセス可視化について解説します。

・3章　運用を分析して改善する
　運用改善を実際に行う流れと、計画書の書き方などを解説します。

運用改善に必要となる要素

・4章　自動化とツール
　自動化の分類とツールの種類、導入した際に修正が発生する運用ルールやドキュメントなどについて解説します。

・5章　クラウドサービス運用に必要なこと
　クラウドサービス運用のオンプレミスとの差分、SaaSを新規導入する際の運用設計方法などを解説します。

・6章　運用における情報セキュリティ対応
　運用において検討しておかなければならない、最低限の情報セキュリティ対応について解説します。

・7章　運用チームに求められるスキル
　変化の多い時代の運用チームに求められるスキルの種類と、その可視化の方法などを解説します。

・8章　運用改善が評価される組織づくり
　運用改善を行う前に整理しなければならない目標の立て方や評価の仕組みなどを解説します。

・Appendix

参考資料として、運用チーム運営とアウトソースに対する考え方、本書を執筆するにあたって参考にした書籍やサイト、論文などを記載します。

前半の「運用改善の流れ」については、順番に読み進めていただくと一番理解しやすいかと思います。後半の「運用改善に必要となる要素」については、内容はそれぞれ独立しているので興味のある箇所から読んでいただいても問題ありません。

運用改善を行う際は、考え方の根拠となる情報の提示が必要となる場合が多々あります。多数の人を巻き込んで運用改善を行っていく場合、改善根拠となる事例があれば説得力が増し、スムーズに協力を得られることにつながります。

そのため、本書では執筆にあたって根拠としたフレームワークや資料、論文がある場合は、可能な限り参照元を記載しておきます。また、7章で説明に利用しているスキル分類表は、以下のサポートページからダウンロード可能ですので必要に応じて活用ください。

本書のサポートページ
https://gihyo.jp/book/2021/978-4-297-12070-2/support

本書は、できるだけそのまま実践で活用していただけるように意識して構成しました。本書で解説されている運用改善のどれか1つでも実践していただき、みなさんの業務の一助になればなによりの喜びです。

それでは、どうぞ最後までお付き合いください。

目次

6章　運用における情報セキュリティ対応　195

●免責
本書に記載された内容は、情報の提供のみを目的としています。したがって、本書を用いた運用は、必ずお客様自身の責任と判断によっておこなってください。これらの情報の運用の結果について、技術評論社および著者はいかなる責任も負いません。

本書記載の情報は、刊行時のものを掲載していますので、ご利用時には変更されている場合もあります。

以上の注意事項をご承諾いただいたうえで、本書をご利用願います。これらの注意事項をお読みいただかずに、お問い合わせいただいても、技術評論社および著者は対処しかねます。あらかじめ、ご承知おきください。

●商標、登録商標について
本文中に記載されている製品の名称は、一般に関係各社の商標または登録商標です。なお、本文中では ™、®などのマークを省略しています。

運用の変化と
運用改善の目的

1.1 システム運用の変化

　IT 技術の進化によって社会を取り巻く環境は変化し、それにあわせてシステム運用にも改革が求められています。少し前までは先進的なベンチャー企業だけが採用していたような新しい技術も、さまざまな利用方法が実践され、多くが大企業でも実用可能なレベルになってきました。

　そういった新しい技術を取り入れてシステム運用を変革していくためには、継続的な運用改善をしていかなければなりません。その理由を理解するために、まずシステム運用を取り巻く環境の変化について考えてみましょう。

　これまで IT システムは計算や記録といったコンピュータの特性を活かして、人の手で行っていた作業をコンピュータに代行させるためにシステムを導入していました。IT システムはオンプレミスで構築されていて、運用というとネットワーク、サーバー、OS、ミドルウェアなどの維持管理がおもな作業でした。

　その後、第 4 世代移動通信システム (4G) やスマートフォン、タブレットといったポータブルデバイスが普及しだすと状況が変わり始めます。

　これらの革新によって従業員が対面で行っていた多くのサービスが、インターネットを介してシステムから直接ユーザーへ届けられるようになります。これまではバックオフィスの業務効率化がメインだったシステムが、企業のフロントとしてサービスを提供する**サービスプロバイダー (service provider)** となってきたのです。そうなるとサービスの提供基盤となるシステムを運用している運用者も、サービスプロバイダーの一部として重要度が上がってきます。

●図　サービス提供の形が変化している

●旧来型のサービス提供

●現在のサービス提供

　もちろん、これまでどおりに社員がシステムを利用して、ユーザーへサービスを提供するパターンも残っています。その場合もシステムなくして業務を行うことが難しいぐらいにまで、ITの役割は大きくなっています。システム停止はそのままサービス停止につながり、大規模な障害はニュースとして扱われるようになってきました。

　ITは社会全体に欠かせない活動基盤であり、社会インフラになりました。電気がそうであったように、今後ITも生活の隅々まで染み渡っていくことでしょう。こうした変化は、ありとあらゆるビジネスをデジタル化していく動きにもつながっていきます。

1.2　デジタル化するビジネス

　IT デバイスとインターネットの普及および進化は、あらゆるビジネスのデジタル化を推し進めました。たとえば、農家が収穫した野菜の写真と特徴などのテキストデータをインターネットで公開して、直接消費者へ届けることがスマホ 1 つでできる時代になりました。また、ビニールハウスの温度管理や水やりなども、IoT 端末から得た情報をもとに管理できるようになってきました。

　あらゆるものから収集したデータが、さまざまなサービスを介して新たな価値を生み出していきます。

▶ 図　農業のデジタル化

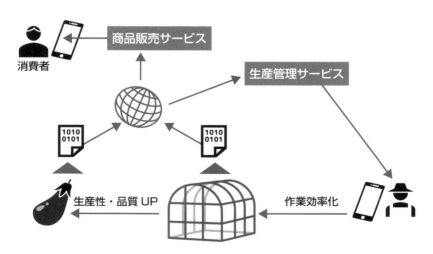

　このように、これまでは IT とあまり関わりがなかったような業種に対しても、さまざまなサービスが提供され、新たな販路を獲得したり、より効率的な作業の仕組みが開発されています。このようなデジタル化やサービス化の流れに乗れた

企業と乗れない企業では、生産性で大きな差がついてしまいます。

　特に日本の大企業では、既存の IT 活用方法を変えられない、または業界の慣習を変えられないために部分的にしか最新のサービスが導入できず、この流れに乗り遅れている（あるいは乗れていない）状況が見受けられます。

　徹底したデジタル化と自社のデータを活かした新たなサービス開発を進めていかなければ、ライバル企業との差はさらに広がっていくでしょう。そのための土台として、情報システム部門は IT の進化に追随していくマインドを獲得しなければなりません。

　こうしたビジネスのデジタル化は、サービスを簡単に利用できるようになったからこそ実現しています。デジタル化を推し進める原因となった IT 技術の変化について、もう少し深く考えてみましょう。

1.3 IT 技術の変化とデータとシステムの分離

　2000 年以降の IT 技術の進化は目覚ましいものがありました。機器は小型化、大容量化して安価になり、通信速度も飛躍的に向上しています。その中でも、運用に一番大きな変化を与えたのは**クラウドコンピューティングサービス**（以下、**クラウドサービス**）の台頭でしょう。

　クラウドサービスは、インターネットにつながる環境であれば、すぐに必要なぶんだけコンピューティングリソースを利用できます。機器購入、搬入、セットアップなど、これまで手間と時間がかかっていた部分が大幅に短縮され、ブラウザからクリック 1 つで仮想サーバーが立ち上がるようになりました。それに伴い、ウォーターフォール開発よりも素早く開発できるアジャイル開発が注目され、スクラム、エクストリームプログラミング（XP）、ユーザー機能駆動開発（FDD）といった新たな開発手法が編み出されていきました。

　新たな開発手法に合わせるように、仮想マシンや仮想ストレージといったコンピューティングリソースの提供がメインだったクラウドサービスは、徐々にクラウド事業者の管理範囲の多い**マネージドサービス**を増やしていきました。

　マネージドサービスの増加によって、開発者はさらに手軽に必要な機能をそろえることが可能となりました。検証がすぐにできるようになり、MVP（Minimum Viable Product: 実用最小限の製品）や PoC（Proof of Concept：概念実証）、アプリケーションのプロトタイプ作成がすばやく低コストで行えるようになりました。

　結果として、クラウドサービスの台頭と進化によりオンプレミスのようにシステムを 1 から構築することは少なくなりました。そして、サービス同士を連携させてサービスを開発していく手法の台頭によって、IT によるビジネススピードは格段に加速していくことになります。

●図　サービス同士を連携させるサービス開発のステップ

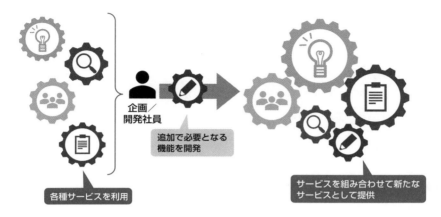

　そうなると、運用にもシステムを管理するという思考だけでなく、サービスを
管理して提供するという考え方が必要となってきます。サービス同士が連結して
いくという考え方は、IT サービスマネジメントにおけるベストプラクティスで
ある ITIL4 でもサービス関係モデルとして説明されています。

　サービスプロバイダーもサービス消費者であり、新たなサービスは次の新しい
サービスの構成要素になる可能性があります。運用者はシステムだけでなく、サー
ビス同士の関連も意識しなければならない時代となりました。

●図　サービス関係モデル

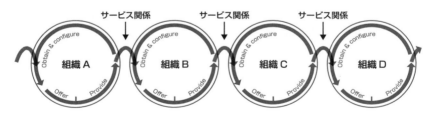

※出典：『ITIL ファンデーション ITIL 4 エディション』Kindle 版 位置 No.1294、「図 2.1 サービス関
　　　係モデル」／ AXELOS Limited 著／ 2019 年／ TSO

　このようにすばやく簡単にサービスが利用できるようになると、データとテク
ノロジーの関係性も変わってきます。

　今までは、システム、テクノロジー、データがそれぞれ密接に結び付いていた
ため、システムの外側とデータを連携する際は細心の注意が払われていました。
しかし、クラウド事業者の管理しているマネージドサービスを利用する場合、ユー
ザーがバックグラウンドで動いているシステムとテクノロジーを意識することは
なくなります。

　サービス間は API で接続され、重要データがインターネットを経由すること
も増えていきます。そのため、「社内ネットワーク内であれば安全」といった、
これまでの境界型のセキュリティ対策だけではデータを守り切ることが難しくな
り、ゼロトラストアーキテクチャといった新しいセキュリティに対する考え方も
必要となってきています。

▶図　サービス間でのデータ連携

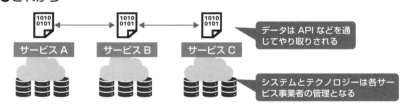

　組織の IT ガバナンスの標準的なフレームワークである COBIT 2019 では、こ
の状況を I ＆ T（Information ＆ Technology：情報と技術）という、あえて分
けた表現にしています。

　次に、変化の根源となったクラウドサービスは、オンプレミスとどのような運
用の違いがあるかを考えてみます。

1.4　クラウドサービスとオンプレミスのライフサイクルの違い

　システムを、Amazon Web Services（AWS）、Microsoft Azure（Azure）、Google Cloud Platform（GCP）に代表されるクラウドサービスに移行すると、当然ながらシステムの形が変化していくことになります。ハードウェアや OS の管理が減っていき、代わりに新しいライフサイクルの考え方が必要になります。

■オンプレミスのライフサイクル

　オンプレミスが中心だったころのシステムは、導入に 1 年以上の期間がかかり、システム更改の周期も 4 ～ 5 年と長期間でした。アプリケーションも企業の業務に合わせて機能を作り込んでいくスクラッチ開発がメインで、変化の少ない基幹業務からシステムを導入していたため、機能追加や修正は年 1 ～ 2 回で済んでいました。中には導入から大きな変更もなく、ハードウェアの保守期限で更改を迎えるシステムすらありました。

▶図　旧来のオンプレミスシステムのライフサイクル

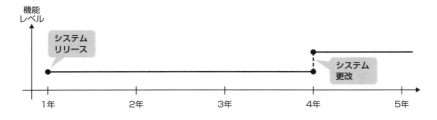

　この時代は、システムが導入されてしまえばそれほど大きな変化はなかったので、運用設計がされていなくてもリリース後に整備していく時間がありました。このことが、開発担当や情報システム部門に「運用設計は運用開始後に運用者が考えればよい」という認識を生んでいく一因だったとも考えています。

■ クラウドサービスのライフサイクル

　しかし、仮想化技術が向上してクラウドサービスが台頭してくると、徐々に状況が変わってきます。ハードウェアなどを購入せずとも、**IaaS（Infrastructure as a Service）**でシステム基盤を構築しすぐに開発を開始することができるようになりました。アプリケーションの開発も、スクラッチ開発からパッケージソフトを導入してカスタマイズする手法が中心となり、システムリリース速度は急速に早くなっていきました。

　その後、クラウド事業者の管理部分が多い **PaaS（Platform as a Service）** や **SaaS（Software as a Service）** といったマネージドサービスも増え、リリース速度はさらに加速することになります。

▶図　XaaS のサービス範囲

オンプレミス	IaaS	PaaS	SaaS	凡例
Applications	Applications	Applications	Applications	ユーザー管理
Data	Data	Data	Data	クラウド管理
Runtime	Runtime	Runtime	Runtime	
Middleware	Middleware	Middleware	Middleware	
OS	OS	OS	OS	
Virtualization	Virtualization	Virtualization	Virtualization	
Servers	Servers	Servers	Servers	
Storage	Storage	Storage	Storage	
Networking	Networking	Networking	Networking	

　SaaS や PaaS は基盤や OS 部分をユーザーが意識しなくてもよいかわりに、クラウド事業者によって頻繁に仕様変更や新機能追加が起こります。大きなバージョンアップを適用させるために、サービスの再起動を迫られる場合もあります。

　これらの変更がクラウド事業者の任意のタイミングで発生するので、新しい変更管理のプロセスを考える必要が出てきました。

▶図　クラウドサービス（SaaS）のライフサイクル

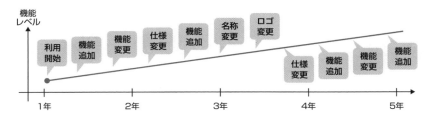

このようなクラウドサービスを導入した際の運用や運用設計については、5章で詳しく解説します。

次に、クラウドサービスの台頭によって発生したシステム分類の種類を解説しましょう。

1.5 システム分類と求められる運用の違い

　IT 調査会社のガートナーはシステムの分類として、コンピュータの特性を活かした計算や記録をメインに信頼性が求められる **System of Record**（SoR）と、顧客とのつながりを持つために柔軟性や俊敏性が求められる **System of Engagement**（SoE）の 2 つがあると提唱しました。

　それに加えて、IoT で収集、蓄積したビッグデータを AI などで分析し、顧客行動心理に対する洞察を得るためのシステムである **System of Insight**（SoI）を構築している企業も増えてきています。

　この 3 つは特性が違うため、開発手法も違えば利用される技術も違います。そうなると運用に求められるものも変わってきます。まずはそれぞれの特徴を確認しておきましょう。

1.5.1　SoR（System of Record）

　SoR は企業の情報を記録しておくためのシステムです。コンピュータは記録と正確な計算が得意な性質から、社内の基幹システムに導入されてきました。基幹システムは「単純な繰り返し作業」が多く、業務内容の変更が少ないのでシステム変更作業もそれほど多くありません。

　作業ミスやシステム停止が業務に大きな影響を与えるため、安心、安全、確実といった高い信頼性が求められます。扱うデータは、顧客データや商品データなどの重要データが中心です。

　そのためセキュリティやメンテナンスのコントロールがしづらいクラウドサービスへの移行が敬遠され、オンプレミスで運用しているシステムもまだ多くあります。また、運用に対しては厳格な運用要件が求められます。

1.5.2 SoE（System of Engagement）

Engagement という言葉に適切な日本語を当てるのが難しいのですが、「企業と顧客の結び付き」と理解するのが一番わかりやすいかもしれません。**SoE は自社と顧客の結び付きを強めるためのシステム**ということになります。SoE は顧客に向けて公開された Web サービスが中心で、コーポレートサイトやプロモーションサイト、EC サイトなどが代表例です。

これらは他社と差別化して顧客獲得競争をしなければならないため、新しい技術を取り入れて魅力的なサイトを構築していく必要があります。季節によってWeb サイトの見た目を変えていったり、開催されるイベントに合わせて新たな機能を実装したりと更新の頻度は高くなりがちで、場合によっては 1 日に何回もリリースすることもありますし、リリース内容の優先度も日々変わっていきます。SoR のように慎重に作業をするとビジネスチャンスを逃してしまうこともあるので、信頼性を犠牲にしてでもスピード重視でリリースが優先されます。

また、キャンペーンなどでアクセスが集中した際は柔軟にリソースを追加しなければならないため、SoE のシステムはスケールしやすいクラウド上に構築される場合が多いでしょう。運用に対しては高い信頼性よりも俊敏な変更が求められます。

1.5.3 SoI（System of Insight）

SoI は、企業活動や SoE と SoR から集まったデータを分析して、顧客行動心理に対する洞察（Insight）を得るためのシステムです。

いまや企業がどのようなサービスを提供しているかと同じぐらい、どのようなデータを持っているかが重要な時代が来ています。他社が持っていないようなユニークなデータを持ち、それを新たな目線でビジネスに活かすことができるのかが、他社との差別化になるでしょう。ビッグデータ基盤やそれを解析する BI（Business Intelligence）ツール、機械学習（Machine Learning）ツール、AI（Artificial Intelligence）ツールによるデータ分析などが SoI にあたります。

SoI はどちらかと言えば SoE 寄りのシステムですが、SoE ほどの高頻度のシステム変更はありませんし、SoR ほどの信頼性も必要ありません。システムに対する運用要件、作業スピードは SoE と SoR の中間となります。

1.5.4　システム分類ごとのまとめと運用改善の進め方

システム分類ごとの関連図と関係する項目をまとめてみます。

▶図　システム分類ごとの運用信頼性と求められる変更スピード

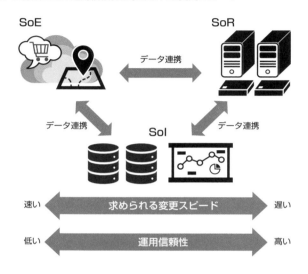

▶表　システム分類と関連する項目

システム分類	目的	おもなユーザー	主な開発手法	システム基盤	関連するキーワード
SoR	企業のデータを記録しておく	自社社員（バックオフィス社員、一般社員）	ウォーターフォール開発	クラウド利用も増えているが、オンプレミスもまだ多い	バックオフィス、メインフレーム、オンプレミス、社内業務システム、バッチ処理、ELT、オフィス業務、LCDP、RPA
SoE	顧客と企業の結び付きを強める	顧客	アジャイル開発	クラウドを積極的に活用	クラウドネイティブ、コンテナ技術、サーバーレス技術、CI/CD、DevOps、アジャイル開発
SoI	データを分析して顧客行動心理に対する洞察を得る	自社社員（研究／開発社員）	アジャイル開発	小規模の場合はクラウドサービスを活用。一定以上の規模になるとオンプレミスが多い	ビッグデータ、DWH、データレイク基盤、IoT、AI、データアナリティクス

　それぞれのシステムは目的が異なるので、システム基盤も違えば関連するキーワードも違います。運用改善を実施する場合も、それぞれの分類においてアプローチは大きく変わってきます。ただ、しっかりとした運用改善を進めていく場合は、一番古くからシステムを導入している SoR 部分から始めて、SoE であっても SoI であっても一貫性のあるプロセスでシステムを扱える仕組みを作っていくべきです。そのため、運用改善の理想的な進め方は、以下のようなプロセスになります。

▶ 図　IT システムの改善プロセス

⑤デジタルプロダクトによるビジネス開発

④業務のデジタル化／ビジネスデータの分析

③クラウドネイティブでセキュアな組織への変革

②運用業務のデジタル化、ワークフロー化、自動化

①運用プロセスの整理／合理化／可視化

SoE, SoI のビジネス開発

SoR 領域の運用改善

本書で解説する範囲

　図中の「①運用プロセスの整理／合理化／可視化」ができていないと、「⑤デジタルプロダクトによるビジネス開発」ができないわけではありませんが、土台がしっかりしていないと実施効果は薄くなります。また、「④業務のデジタル化／ビジネスデータの分析」以降については、情報システム部門だけでは難しいので、他部署とコラボレーションを行う必要があります。

　なお、本書で解説する範囲は①～③までとなります。「④業務のデジタル化／ビジネスデータの分析」や「⑤デジタルプロダクトによるビジネス開発」については詳しくは解説しませんが、今後の運用チームに求められているデジタル化に関しては、次の項で少し考えてみましょう。

ここがポイント！

システムの分類によって運用が変わることは意識しておいたほうがよさそうですね

1.6 運用チームに求められていること

　これからの情報システム部門には、IT のプロフェッショナルとして企業のデジタル化に向けた改善も業務の一部として求められることもあるかと思います。

◉図　システム運用に対する考え方の変化

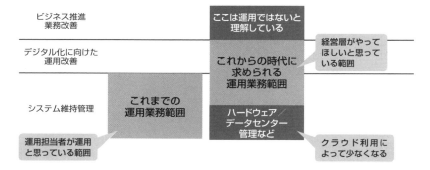

　IT が企業の活動基盤になってきているので、役割の変更は当然ともいえます。企業によっては情報システム部門にビジネス推進や業務改善も行ってほしいと考える場合があります。ビジネス領域の改善は運用担当者だけでは難しいので、組織を横断してチームを組む必要があります。

　なぜ運用担当者だけではビジネス推進や業務改善ができないかというと、必要となるデータと権限が足りないからです。通常の運用チームに与えられている権限と管理しているデータは以下のようになります。

運用チームに与えられている権限
・システム／サービスの維持管理に必要な権限

運用チームが管理しているデータ

・サービス運行状況（障害やキャパシティ）のデータ

・ユーザーからの申請や問い合わせに関するデータ

　業務改善やビジネス開発にはシステム改修が必要となるので、まずは開発部門と連携する必要があります。ビジネス推進を推し進める場合には、売り上げや顧客情報などのデータが必要となるので、営業などのビジネス部門との連携も必要でしょう。重要システムでセキュアな開発が求められる場合には、セキュリティ担当の協力も仰がなければなりません。

　代表的な企業内でのコラボレーションの形態をいくつか紹介しておきましょう。

1.6.1　DevOps

　開発担当と運用担当が組み合わさったチームを **DevOps** と呼びます。DevOps では、開発担当（Development）と運用担当（Operations）が協力してサービス開発／管理を行っていきます。

　できるだけ早くリリースがしたい開発担当と、できるだけ慎重にリリース作業がしたい運用担当は本来役割が相反するものでした。そんな両者が同じチームで協力することによって、品質を維持しつつスピーディーな開発を行うことができるようにするための考え方となります。

▶図　DevOps

■SRE

DevOps の 1 つの回答として、Google では SRE (Site Reliability Engineering) という役割が考案されています。SRE という言葉の考案者でもある Google 社 VP of Engineering の Ben Treynor 氏によれば、SRE は以下のように語られています。

> *SRE is what happens when you ask a software engineer to design an operations team.*
> *(SRE は、ソフトウェアエンジニアに運用チームの設計を依頼したときに発生するものです)*

※引用：『Site Reliability Engineering』「Chapter 1 - Introduction」より
　　　　https://sre.google/sre-book/introduction/

この言葉から示される SRE の目指す最終形態は、ソフトウェアエンジニアによる運用業務のコード化です。運用業務をコード化することで、作業を完全にデジタル化することができます。

一朝一夕で簡単に到達できる境地ではありませんが、企業の IT に対する文化の見直し、体制や役割の見直し、ツールの導入による自動化などの運用改善を続けていくことによって、理想の DevOps 体制に近づいていくことができます。

1.6.2　BizDevOps

ビジネス担当と開発担当と運用担当が組み合わさったチームを BizDevOps と呼びます。

ビジネス担当は企業の売り上げデータや顧客データにアクセスできますし、開発担当はアプリケーションのソースコードや最新の IT 技術のトレンド情報を持っています。必要なデータにすぐにアクセスできるメンバーが 1 つのチームに集まれば、コミュニケーションのロスが少なくなり、効率的にビジネス開発や業務改善を進めていくことができるでしょう。

ビジネスの流動性が高く、常に変化が求められている企業では、サービス管理体制をこの形式で行うことを検討してもよいでしょう。

▶図 BizDevOps

1.6.3 DevSecOps

開発スピードよりもセキュリティを求めるため、DevOps 体制にセキュリティ担当を入れて作ったチームを **DevSecOps** と呼びます。開発の初期段階から運用中まで、一貫したデータ保護とセキュリティトレンドに対する対策を行うことができます。

公共性の高い重要インフラを扱う企業で、変化のスピードと高セキュリティを両立させたい場合は DevSecOps のような形態がよいでしょう。

▶図 DevSecOps

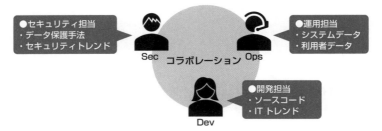

なお、組織を新たな形にするためには、ボトムアップでは限界があります。最終的には経営層の判断も必要です。また、迅速な変化に対応するためにはスキルの見直しも必要になってきます（スキルについては 7 章で詳しく解説します）。

どんな体制に進化していくにせよ、運用で管理しているデータはできるだけ扱いやすい形で管理しておくことが重要になります。

1.7	運用改善の目的とゴール

　ここまで運用を取り巻く環境が変化していることをお伝えしてきましたが、その変化に合わせて短期間で大きく運用を変えることは難しいでしょう。継続的に運用改善を行いながら、少しずつ理想な形へ近づけていく必要があります。

　運用改善を継続させるためには、目的とゴールを見失わないことが重要です。1 章の最後に運用改善の目的とゴールについて考えましょう。

1.7.1　運用改善の目的

　運用改善には作業を自動化したり、データを可視化したり、効率的なツールを導入したりとさまざまな活動がありますが、それらの活動内容は**「生産性の向上」**という言葉でほとんどカバーできます。そのため、運用改善における最も普遍的で重要な目的は「生産性の向上」になります。

　「生産性」には、以下の 3 種類があります。

・資本生産性
・労働生産性
・全要素生産性

■資本生産性

　保有している機器や設備などの資本が、どれだけ効率的に成果を生み出したかを定量化したものです。導入したサービスの利用率を上げたり、システムの性能や冗長性と対障害性を向上させてサービス稼働率を向上させる施策が考えられます。

▶図　資本生産性向上の例

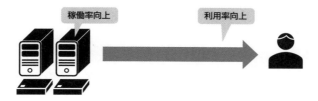

■労働生産性

　労働者がどれだけ効率的に成果を生み出したかを定量化したものです。基本的には以下の3つを行うことで労働生産性が向上するとされています。

・業務効率化
・メンバーのスキル向上
・経営効率の改善等

　業務効率化の具体例としては、ローコード開発プラットフォーム（LCDP）などで業務を自動化したり、不要な手続きを廃止して業務を効率化する施策が考えられます。オンプレミスで稼働していたシステムをクラウドシフトさせて運用コストを削減させる、といった施策も広義の業務効率化といえます。

▶図　業務効率化の例

　メンバーのスキル向上については、新たな技術を習得したり、サービスに関する知識や経験を深める施策が考えられます。技術的なテクニカルスキルを伸ばすことと合わせて、チーム間コラボレーション推進に欠かせないコミュニケーションスキルを伸ばしたり、問題発見、課題解決、困難な案件にも対応できるメンタ

リティなどのコンセプチュアルスキルを伸ばしていくことも重要となります。経営効率の改善等については、運用の範疇ではないので本書では割愛します。

■ **全要素生産性**

　全要素生産性は、労働や資本を含むすべての要素を投入量として、産出量との比率を示すものです。すべての要素を投入量として数値化するのは困難なので、全体の産出の「変化率」から、労働と資本の投入量の変化率を引いた差として計測されます。

　全要素生産性はすべての資本と労働を組み合わせたものなので、算出方法は複雑になります。運用改善で、企業全体の全要素生産性を検討することはあまりないので本書では割愛します。

　新たな環境に合わせて運用改善をしていく場合、その活動内容が資本生産性の向上のためなのか、労働生産性のためなのかを意識することは大切です。**生産性のボトルネックとなっている課題を取り除くことが運用改善とも言えます**。この2つの生産性をバランスよく継続的に改善していくことで、理想の運用に近づいていくことができます。

1.7.2　運用改善のゴール

　運用改善のゴールは、**継続的に運用改善ができる組織を作る**ことです。

　これまでは環境の変化周期が長かったので、中長期的な改善ゴールを定めることができました。中長期的な改善ゴールが明確であれば、ワンショットの改善プロジェクトを外部ベンダーに発注して対応してもらうことも可能でした。

　しかしこれからは、短い周期で多要素の変化が起こるので、運用改善も短いスパンで仮説と検証を行いながら生産性を向上させていく必要があります。

　短い周期で継続的な運用改善を行わなければならないので、情報システム部門内に運用改善チームを作ったり、運用チーム内に運用改善の機能を追加することが必要になるでしょう。

● 図　継続的に運用改善を行った場合の効果

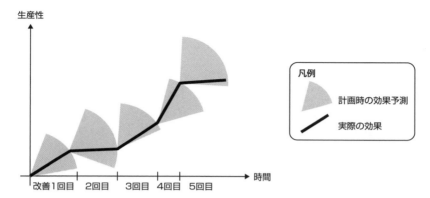

時には思ったよりも効果が出ないこともありますが、諦めずに粘り強く改善を続けていく必要があります。では、実際にまず運用改善を行うためには何をしたらよいのでしょうか？ 運用改善をする前に整理しておいたほうがよいこと、知っておいたほうがよい原則などがあります。また、継続的に運用改善を続けるためには、アップデートしなければいけないスキルがあります。

それらがなんなのか、次章から具体的な運用改善の方法を解説していきます。

ここがポイント！

いろいろな施策を諦めずに実施していくことが、生産性を上げるカギなんですね！

`Column` **オフィス業務ソフトのクラウド化**

　昨今起こった一番身近で最大の変化はオフィス業務ソフトのクラウド化でしょう。2010年ごろから、オフィス業務に必要なソフトウェアをセットにしたSaaSが台頭してきました。Microsoft 365やGoogle Workspaceが代表的な製品となります。これまでは貸与した端末に紐づけて文書作成、表計算、プレゼンテーション資料作成などのソフトの管理をしていましたが、SaaSの普及で管理や考え方が大幅に変わってきました。アカウントへのライセンス付与、拡張ライセンスの管理、認証システムとの連携、ネットワークの帯域確保など、ただのオフィス製品の枠を超えた管理が必要です。

　さらにオフィス業務のアプリケーションと一緒に個人用のクラウドストレージやチャット、オンライン会議サービス、アンケートフォーム、ローコード開発プラットフォームなども定額で利用できるようになりました。使わないならオフにすればいいのですが、せっかく使えるのなら有効に使いたい、社員の生産性を向上させるきっかけにならないかと考えるのは普通のことでしょう。そのため企業全体としてこれらをどのように利用していくかを検討する必要が出てきました。このオフィス業務ソフトはさまざまな機能が含まれているため、SoRと分類するのか、SoEと分類するのか難しいところがあります。

　おそらく特定の業務に必要なサービスをまとめてプラットフォームとして定額で売り出すクラウドサービスは今後も増えていくでしょう。そのようなサービスが増えてくると、SoRやSoEといった分類も意味をなさなくなってくるのかもしれません。

▶図　オフィス業務ソフトのクラウド化

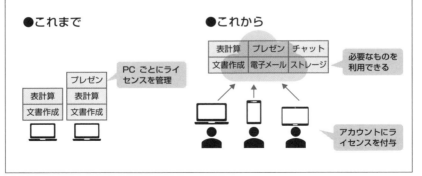

## 第2章

運用ルールを見直す

2.1 プロセスを定めて可視化していく

　本章では、単一のシステムからサービスを横断する形へ、運用ルールを見直しながら再定義していく方法を解説していきます。

　アジャイル開発や DevOps など新たな文化や開発手法が浸透してきた現在でも、システム構成や運用ルールをドキュメントに残しておくことはまだまだ重要です。

　スタートアップのように新たなサービスを立ち上げている最中の企業では、ドキュメントよりも実際に動くプログラムが求められることでしょう。スタートアップでなくとも、企業内のサービスを同じメンバーで長期間管理し続けられる保証があれば、運用ドキュメントがなくても問題が起きないかもしれません。

　しかし、企業規模が大きくなりメンバーの流動性が発生したとき、あるいはサービス運用をチームで行い始めたときから、ドキュメントに運用ルールを書き残す必要性が出てきます。

　運用改善は、運用ルールを定義して組織全体が同じルールで動くところから始まります。

　まずは、運用改善を行っていくベースとして、なぜ運用ドキュメントが必要なのかを考えてみましょう。

　運用ドキュメントを以下の観点で確認すると、企業の運用実態が見えてきます。

・ドキュメントがどんな体系になっているのか？

・どんな目次で、どの深さまで記載されているのか？

・内容が重複しているドキュメントはあるか？

・最終更新日はいつか？

・一番頻繁に更新している人はだれか？

　これらの情報と合わせて、障害対応や作業依頼などの活動を記録したデータが
あれば、現場に行かなくてもどのような運用が行われているか、運用として意識
されていることは何か、ルールが守られているか、キープレイヤーとなっている
担当者はだれかなど、どのようなサービス運用が行われているかをある程度把握
することができます。逆にこれらの情報がまったくないということは、実際に作
業をしている運用者しか現状がわからないという、運用が極度に属人化した状況
だということです。この状況で運用改善はできません。

　では、どのような状況になれば運用改善が可能になるのでしょうか。続いては、
運用ルールの可視化で目指すレベルを考えてみましょう。

2.1.1　プロセスの可視化で目指すレベル

　運用ルールを決めていく上で、可視化をどのレベルまで行うかの基準を意識し
ておくことが重要です。運用ルールの可視化は、運用設計と同じ工程を踏む作業
になりますので「**COBIT 成熟度モデル**」が基準の参考になります。

　COBIT 成熟度モデルでは、社内で IT システムがどのぐらい適切に定義され、
管理されているかを客観的に測定する手段として、レベル 0 〜 5 の 6 段階のモ
デルが定義されています（次ページの表を参照）。本章では、COBIT 成熟度モデ
ルでいうところのレベル 3「**定められたプロセス**」を目指して、運用を可視化し
ていきます。

　これは、企業内でどのような構成項目（Configuration Item）を利用してい
るかを可視化することでもあり、構成情報を最新に保つために構成管理プロセス
を始める準備でもあります。

○ 表　COBIT 成熟度モデル

レベル	最適化範囲	例
0	プロセス不在	・業務プロセスがまったく存在していない ・解決すべき課題があることすら認識していない
1	個別対応	・解決すべき課題があることは認識している ・しかし、標準的な業務プロセスは存在せず、個々人／場面ごとに個別にアプローチしている ・全般的にマネジメント手法が体系化されていない
2	再現性はあるが直感的	・同じタスクを異なる人が行う場合、似たような手順となる ・手順を習得するための研修の実施、情報共有、責任はベテラン社員に依存している ・個人の知識に依存している度合が高く、エラーが発生しやすい
3	定められたプロセス	・手順が標準化／文書化されており、研修を通じて共有がなされている ・手順は必須なものとして順守されているが、あり得ないような逸脱が起こる ・手順は洗練されていないが、形式化されている
4	管理測定が可能	・マネジメントチームが手順に準拠しているかを確認し、逸脱した場合は改善がなされる ・手順は一定の改善がなされ、目指すべきレベルが示されている ・自動化とツール化が限られた範囲でなされている
5	最適化	・継続した改善活動により、業務プロセスが目指すべきレベルにまで最適化されている ・品質および効果を高め、業務プロセスを迅速に浸透させるために、IT が統合的に自動化する手段として使われている

　COBIT 成熟度モデルの「定められたプロセス」を満たす形で、運用ルールが可視化されている状態は、具体的には以下の状況となります。

・運用設計書に運用範囲と必要な情報が書いてある
・運用体制図に登場人物と役割分担が記載されている
・運用項目一覧にやるべき作業がまとめられている
・運用フローで関係者との情報連携方法とタイミングがわかる
・運用手順書で作業のやり方がわかる
・ユーザー手順書でサービスの利用方法がわかる
・申請書でユーザーとサービスの連携する情報がわかる
・台帳で最新の情報がわかる
・一覧で確認すべき情報がすぐにわかる

●図　運用ドキュメントの関連性

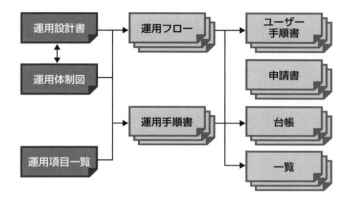

　運用フローなどがあいまいなままルールを改定したり、運用手順書が存在しないのに自動化ツールを導入したりと、可視化を行わずに最適化を目指している現場をまれに見かけますが、自分たちが運用として担保しなければならない範囲と役割がわからない状態、または作業が属人化している状態で運用を最適化するのは難しいでしょう。まずは現在の運用ルールを過不足なくドキュメントに残しておく必要があります。

■可視化の先の最適化

　運用ルールの可視化が完了し、「定められたプロセス」を満たす状態になると、これまで決まっていなかったルールがわかるようになっているはずです。さらに最適化を進めていく場合は、足りていなかったルールを新たに定めていき、その次に運用の KPI を定めて活動をモニタリングしていきます。この段階がレベル4「管理測定が可能」という状態になります。運用をモニタリングできるようになることで、測定した数値をベースとした改善活動が行えるようになります。

　この段階になってはじめて、自動化やツール導入、作業工程の見直しなどのプロセス改善を効果的に行うことができます。測定した数値をベースとした改善活動を継続することで、最終段階としてレベル5「最適化」という状態に到達します。運用の可視化は、運用改善のプロセスにおける大前提となる非常に重要な工程なのです。

　続いて、具体的な可視化方法を解説する前に、全社共通の運用ルールを制定する必要性を確認しておきましょう。

Column　運用設計と運用業務と運用改善

　「設計」と「業務」と「改善」を混同するのは危険です。「設計」は、ものごとを具体化して合意する活動です。「業務」は、毎日継続して実施する作業やチームの仕事です。「改善」は、問題となっている箇所を改めたり良くする活動です。COBIT 成熟度モデルがどのレベルであろうとも、業務は発生します。レベルが低い現場では往々にして作業が属人化しているので、優秀なエンジニアの稼働時間は「業務」で埋まっています。レベルを上げていくことは、「業務」だけの仕事内容に、「設計」や「改善」を加えていくことでもあります。

　まずは何とか時間を作って運用を「設計」し、チームとして「業務」を行えるようにして、空いた時間で運用「改善」していける流れになれば、運用を安定させることができます。地道な道のりになるかと思いますが、少しずつ取り組んでいきましょう。

ここがポイント！

ルールが決まっていない運用は、だれも責任を負えなくなってしまいますよね

2.2 全社共通の運用ルールを制定する必要性

これまでのシステム運用は、システムの維持管理といった縁の下の力持ち的な業務が中心でした。しかし、これからの運用ではクラウドサービスの利用を管理したり、関連するサービスとの連携を監視したりする**サービス管理**という考え方も必要となってきます。

サービス管理では、企業で利用しているサービスのリソースを最大限に活用するために、**データ収集と分析といったモニタリングやサービス全体を含めた運用改善が今までよりも重要**となってきます。

▶図　これからの運用で必要なこと

縁の下の力持ち　　　サービス管理とデータ分析も必要　　提案書　レポート　統計データ

同じ運用ルールで、同じ運用ツールで、同じワークフローシステムで運用されているサービスは、よりデータ収集／分析が容易になります。また、共通のルールで運用されているサービスが増えれば増えるほど、運用改善によって改善される範囲が増えることになります。

逆に、ルールの統合を意識せずに小さな範囲で極度に運用改善を進めてしまうと、部分最適となってしまい統合の妨げとなり、会社全体としては生産性を下げてしまう可能性があります。スモールスタート、クイックウィンで小さな成果を早く出すことは重要ですが、小さな成果を出したあとは他のサービスにも展開し

ていける構造でなければなりません。

　運用改善を実施する際は、企業全体のサービスを見渡すための視座の高さを持つ必要があります。視座を高くしてサービスを見渡し、まったく管理されていないサービスや一部の担当者しか運用ルールがわからないサービス、異なる運用ツールを利用しているサービスを見落さないようにしなければなりません。

▶図　統合されていない運用ルール

　共通のルールを定義する前に、企業全体のサービスに何があるのか、だれが管理しているのかなどを把握する必要があります。そのための考え方が**サービスポートフォリオ管理**です。

　次に、サービスポートフォリオ管理から見えてくるサービスの管理方法を解説していきましょう。

2.3 サービスポートフォリオでサービスのライフサイクルを管理する

　サービスポートフォリオとは、**企業が保有しているサービスを一覧化したリストのことで、優先度や目標などに合わせて適切な投資ができるようにするために活用されます**。具体的には、以下の内容を管理します。

・それぞれのサービスが提供している価値を明確にする
・サービス同士の関連性を明確にする
・サービスに対する投資と成果のバランスを可視化する
・サービスの責任者を明確にする

　本来のサービスポートフォリオ管理は、サービスに関するリスクとコストを管理してサービスの価値を最大化する、という経営的な目的で利用されます。管理しているサービスの中で、投資対効果が高いサービスには積極的に投資し、逆に投資対効果の低いサービスは移行、統合、集約、廃止を検討していきます。

　経営層が戦略を練るために使われるサービスポートフォリオですが、運用者がサービス全体を管理するためにもたいへん役立ちます。ここでは、運用者の視点からサービスポートフォリオ管理を考えていきます。

　サービスポートフォリオ管理では、サービスパイプラインとして「検討中」「開発中」、サービスカタログとして「提供中」「廃止予定」、廃止されるサービスとして「廃止」という5つのステータスを管理します。各プロセスの概要は以下となります。

・サービスパイプライン
　導入を検討中や開発中のサービス群。この段階ではまだサービスを提供するとは確定していない。

・サービスカタログ

　稼働直前、稼働中、もしくは廃止予定のサービス群。ユーザーが把握したほうがよい情報のため、サービスカタログ部分だけを一覧として公開することもある。

・廃止されるサービス

　何らかの理由で統合や廃止となり、利用されなくなったサービス群。完全にサービスが廃止となった場合は、ユーザーに公開する必要がなくなるためサービスカタログから外される。

▶図　サービスポートフォリオ

まずは、情報システム部門が管理するサービスを台帳にまとめていきます。サービス管理台帳の代表的な項目は以下となります。

▶表　サービス管理台帳の項目

項目	説明
サービス名	サービス名を記載する
サービス概要	サービスの概要を記載する
サービスレベル	サービスの品質に対する要求レベルを記載する
ステータス	サービスの現在のステータスを記載する （検討中・開発中・提供中・廃止予定・廃止）
サービス開始予定日	ステータスが「開発中」になったらサービス開始予定日を記載する
サービス開始日	ステータスが「提供中」となった日を記載する
サービス管理部門	サービスを管理している部門を記載する
サービス責任者	サービスを管理している責任者を記載する
関連するサービス	前提となっているサービスや関連するサービスを記載する
サービス廃止予定日	ステータスが「廃止予定」となったらサービス廃止予定日を記載する
サービス廃止日	ステータスが「廃止」となった日を記載する
サービス廃止理由	サービスが廃止となった理由を記載する

　サービス管理台帳でサービスの状態が可視化できるようになったら、各ステータスについてのルールを決めていきましょう。

　検討中から開発中へステータスを移行させるためにはどのような作業が必要なのか、提供中になるには何が必要なのか、廃止にするためにすることは何かを具体的に考えていきます。

■①検討中としてサービス管理台帳へ登録

　サービス開発部門がサービスを台帳に登録する段階です。会社全体としてアイデアやリソースの統合／集約を行うことで、より効率的なサービス開発をすることができます。具体的にどの段階になったらサービス管理台帳に載せるかは企業文化が影響しますが、基本的にはサービス企画が部門などで内部承認された段階で記載するのがよいかと思います。なお、サービス検討段階から管理を始める理由としては、他部署が同様のサービス開発を行っていた場合、コラボレーションしてより良いものを生み出せないか検討するためです。また、この段階ではまだサービスの開発が開始されない可能性もあります。

■②検討中から開発中へ移行

　検討中の段階ではまだ予算やITリソース、人的リソースもついていない状態でしたが、承認されて開発中へ移行する段階で、サービス開始に向けてスケジュールなどが固まってきます。

　プロダクトを導入する際は、外部のベンダーやSIerへ依頼を出す場合もあるかと思います。運用としては、社外とのコラボレーションに備えて、開発初期段階で運用受け入れ基準や必要となるドキュメントの連携、運用ルールのインプットなどを行っておくとよいでしょう。

　運用受け入れ基準としては、おもに以下のことを連携します。

・共通となる運用ルールやセキュリティポリシーなどの運用設計の前提条件
・運用受け入れ時に必要となる運用ドキュメントの種類と概要
・共通で利用する運用ツール（パッチ適用、バックアップ、監視など）の情報
・ユーザー申請に利用するワークフローシステムの情報
・共通で利用する自動化ツールなどの情報

● 図　開発構築チームとの情報連携

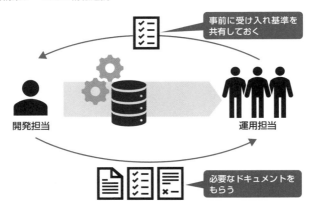

　開発中は、開発構築チームと運用チームで定期的に情報共有会を開催すると、スムーズな運用開始が可能になるでしょう。

■③運用が開始されて提供中へ

　運用テストや運用引き継ぎを経て、サービスは運用チームへ引き渡されて提供中のステータスになります。提供中になってからは、運用チームによってサービスの維持管理が行われます。具体的には、サービス継続に必要な作業や障害対応、開発チームから引き継がれた構成情報の管理などを行います。

■④サービスの廃止予定が決定

　サービスが役割を終えてサービスの廃止が決定します。代表的な廃止パターンは以下となります。

・導入している製品がEOS（End Of Service）を迎えて後継機種などに更改する
・他サービスに同様の機能があり、そちらに統合される
・導入してみたけれど、思った成果を発揮せずランニングコストがかかりすぎるため廃止する

　更改や統合の場合には、これまで使っていた運用ドキュメントは次のサービス

の運用設計前提資料となるので、必要に応じて開発チームへ連携しましょう。

■⑤廃止予定から廃止へ

　運用のコスト最適化の観点から、サービスが廃止されたらデータの破棄や運用ドキュメントの整理などを行い、管理対象から外すことが大切です。ただし、サービスによっては廃止後もドキュメントやデータの長期保管が必要な場合があります。そういった場合は、媒体へ書き出して保管するなど、事前に対応を決めておくとよいでしょう。

　上記のサービスポートフォリオ管理を行うことで、サービスのゆりかごから墓場までを管理する**サービスライフサイクル管理**を行うことにもなります。サービスライフサイクルにおける代表的なアクティビティをまとめると以下となります。

▶図　サービスライフサイクル内の代表的なアクティビティ

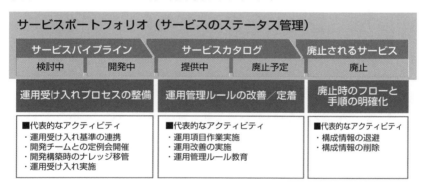

　サービス管理台帳のステータスに合わせてサービスライフサイクルのアクティビティ定義をすることで、サービスの品質を保つことができます。特に、開発中から提供中へ移行する時、つまり運用受け入れで行う内容を運用チーム内でしっかりと定義して開発チームへ周知しておくことで、必要な運用ドキュメントが作成されない事態を回避することができます。開発チームとしても、開発初期段階から必要となる運用ドキュメントが明確になっているので、運用設計に対して適切な見積もりができますし、品質の高いサービスを作り上げることにもつながり

ます。

　このように、運用面からみてもサービスポートフォリオ管理をしっかりと行うことはメリットがあります。

　ただし、すでに提供中のサービスには運用ドキュメントがそろっていないものもあるでしょう。次に運用に必要なドキュメントは何なのか？それをどのように管理していけばよいのかを考えてみましょう。

Column　ITIL におけるポートフォリオ管理

　ITIL4 でポートフォリオ管理は「ジェネラルマネジメントプラクティス」に分類されています。同じ分類のプラクティスには、「戦略管理」「サービス財務管理」「サプライヤ管理」などが含まれているので、やはり経営やビジネス寄りのプラクティスと見るのが一般的です。一方で「継続的改善」「アーキテクチャマネジメント」「情報セキュリティ管理」「測定とレポート」など、運用改善と親密な関係のプラクティスも同じ分類となっています。運用改善を行う場合、ポートフォリオ管理を中心にジェネラルマネジメントプラクティスの関連しそうなプラクティスに注目すると、新たな発見があると思うので確認してみてください。

ここがポイント！

サービス管理台帳にいろいろな情報を付け加えていくこともできそうですね！

2.4 システム開発構築時に作成されるドキュメントを整理する

運用の可視化、つまりドキュメンテーションを行っていく前に、**そもそもどのような情報が必要となるのかを整理しておきましょう。**

運用ルールの定義や運用手順、システムやサービスを運用するために必要な情報などをまとめるドキュメントとして、まずは一般的なウォーターフォールモデルでサービスを更改した場合に、運用設計で作成することになるドキュメントについて以下に整理しました。

▶図 ウォーターフォールモデルで作成されるドキュメントの関連図

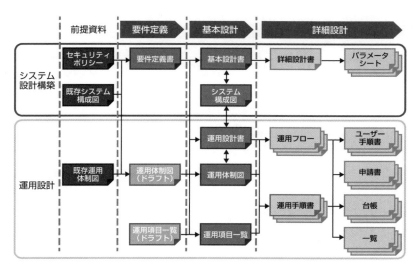

◉表　ウォーターフォールモデルで作成されるドキュメント一覧

ドキュメント名称	記載内容
セキュリティポリシー	企業の情報セキュリティをどのように確保するかをまとめたドキュメント
既存システム構成図	既存システムのシステム構成をまとめたドキュメント
既存運用体制図	既存システムの運用体制をまとめたドキュメント
要件定義書	サービスに求められる要件を記載したドキュメント
基本設計書	サービスがどのような仕組みで動いているのかを記載したドキュメント
システム構成図	サービスを構成するコンポーネントについて記載したドキュメント
詳細設計書	システムの方式をどのように実現するかを具体的に記載したドキュメント
パラメータシート	導入した機器、OS、MW、アプリケーションの設定値を記載したドキュメント
運用設計書	サービスの維持管理に必要な内容が記載されたドキュメント
運用体制図	運用するための関係者の相関図がまとめられたドキュメント（運用設計書の一部となっている場合もあり）
運用項目一覧	サービス活用維持のために実施しなければならない手作業がまとめられたドキュメント
運用フロー	多数の役割間の情報連携方法と処理の流れをまとめたドキュメント
運用手順書	運用項目を実施するために必要な事前作業、操作手順、事後作業などをまとめたドキュメント
ユーザー手順書	ユーザーがサービスを利用するための手順をまとめたドキュメント
申請書	ユーザーや役割間で情報連携するための項目をまとめたドキュメント
台帳	運用上定期的に変更となる情報をまとめたドキュメント
一覧	運用上定期的に参照する情報をまとめたドキュメント

　「セキュリティポリシー」は企業全体で管理しているドキュメントで、「既存システム構成図」「既存運用体制図」は更改前のサービスのドキュメントとなります。まれにこれらの前提資料が存在していない時がありますが、その場合は要件定義時に作成しながら進めることになります。

　運用設計は、システム設計構築で決まったユースケースや機能に大きく影響を受けます。ユースケースや機能と、要件定義で決めた非機能要件をもとに、運用開始後に必要な運用項目を取りまとめていきます。

　ドキュメントの名称は会社によって若干異なる場合があります。基本設計書を外部設計書、詳細設計書を内部設計書と呼ぶ場合もあるので、自分の会社と呼び名が違う場合は適宜読み替えて読み進めてください。本書では、これらをシステム構築で作成されるドキュメント一式と呼称していきます。

2.4.1　ドキュメントの種類と目的

　ドキュメントはどのような目的で作成されるかによって、表に示す4つの種類に分類されます。この分類によってドキュメントを作成する担当やサービス開始後の取り扱いが違ってきます。

▶表　開発構築時に作成／締結されるドキュメント

種類	作成者	目的／概要	おもなドキュメント名
開発構築に必要なドキュメント	開発構築チーム	開発構築のために必要な機能の定義や設定値などを記載されたもの	要件定義書、基本設計書、システム構成図、詳細設計書、パラメータシート、ソースコードなど
ユーザー向けのドキュメント	開発構築チーム運用設計チーム	サービスを利用するためにユーザーとサービス／運用者のやりとりを定義	ユーザー手順書、申請書など
契約上必要なドキュメント	営業	サービス利用、維持していくために必要な契約条件が記載されたもの	サービス利用規約、保守契約書など
運用に必要なドキュメント	運用設計チーム	サービス運用していくために必要な定義、手順などが記載されたもの	運用設計書、運用項目一覧、運用手順書、運用フローなど

※参考：変更に強いドキュメントの心得　https://www.isoroot.jp/blog/1592/

　それぞれのドキュメントの種類と、検討しておかなければいけない運用ルールについて簡単に解説しておきましょう。

■開発構築に必要なドキュメント

　要件定義書や基本設計書といったドキュメントは、基本的には SoR のような要件のはっきりしているシステムをウォーターフォールモデルで導入する際に作成されます。一方、SoE のシステムで、アジャイル開発を行っていて CI/CD を導入している場合は、「Git で管理されたソースコードがドキュメント」という場合もあるでしょう。

　開発手法によって作成されるドキュメントは変わってくるため、運用を引き継ぐ時に何がそろっているかをしっかりと認識しておく必要があります。また、引き継ぎの際にはドキュメントを管理するためのルールとして、サービスが変更された際にどのようなタイミングでドキュメントを修正するかを決めておくとよいでしょう。

■ユーザー向けのドキュメント

　ユーザーがサービスを使い始めるときに利用する手順や、ユーザーからの依頼でサービスの設定値を変更する場合などに利用する申請書などが該当します。手順書はファイルだとは限らず、ポータルサイトの Web 記事や動画の場合もあります。また、申請書はワークフローシステムやチケット管理システムの場合もあります。

　ユーザー向けドキュメントは機能追加などがあった場合に更新が必要です。修正が必要となったら、だれが更新して、どのようにユーザーへ周知を行うかなどの運用ルールを決めておきましょう。

■契約上必要なドキュメント

　契約上必要なドキュメントは、サービスがエンドユーザー向けに作られている場合のサービス利用規約などが該当します。また、サービス提供にあたり何らかの製品を導入している際は、保守契約などの管理も必要になります。サービス利用規約／保守契約書などの、社外と契約するドキュメントの管理をだれが行うのかを明確にしておくことが重要です。

　ドキュメントが変更されるトリガー、たとえば保守契約期限切れなどをだれが管理するのかや、契約更新、関連するドキュメントの修正、変更周知などの作業をだれが行うかについての運用ルールは事前に決めておきましょう。

■運用に必要なドキュメント

　運用に必要なドキュメントは、運用チームが主体となって管理していかなければなりません。これらのドキュメントが残っていないと、サービス開始初期でシステム導入にかかわっているメンバーが運用をフォローしているときはよいですが、月日が流れ開発メンバーがいなくなった場合にだれも運用を正しく把握できなくなります。

　基本的には開発構築に必要なドキュメントと同じく、サービスが変更された際には運用に必要なドキュメントも修正が必要となります。

　開発手法の違いは、開発構築に必要なドキュメントに大きく影響を与えます。ユーザー向け、契約、運用に必要なドキュメントはあまり開発手法に影響は受け

ません。なお、このドキュメント分類は、ウォーターフォールモデルでもアジャイル開発でもあまり違いはありません。

　続いて、すでにサービスが開始しているのに運用ドキュメントが足りていない場合に、どのように対応していくべきかを考えてみましょう。

ここがポイント！

運用していく上で、どんなドキュメントが必要か把握しておくことも大切ですね

2.5 現在のドキュメント整備状況を可視化する

　足りていない運用ドキュメントを作成する前に、まずはサービスごとに現段階でどのようなドキュメントがそろっているかを可視化する必要があります。各サービスで運用ドキュメント一覧を作成することによって、サービスごとにどれぐらいのドキュメントが存在しているかが把握できるようになります。

　サービスとドキュメントの整備状況を整理するためにはマトリクス表が有効です。ドキュメントのそろい具合にはサービスによってパターンがあるかと思います。いくつかサービスの例を挙げて、その運用パターンとドキュメントが不足してしまう理由について考えてみましょう。

●表　サービスごとの運用ドキュメントマトリクス

ドキュメント名称	サービス A	サービス B	サービス C	サービス D	サービス E
要件定義書	○	×	×	△	○
基本設計書	○	×	×	△	○
システム構成図	○	×	×	△	○
詳細設計書	○	×	×	△	○
パラメータシート	○	△	×	○	○
運用設計書	×	×	×	×	○
運用体制図	×	×	×	×	○
運用項目一覧	△	△	×	○	○
運用フロー	×	×	×	×	○
運用手順書	○	○	×	○	○
台帳	△	○	×	○	○
一覧	―	○	×	○	○
ユーザー利用手順書	○	○	×	○	○
申請書	△	○	×	○	○

※凡例：○：ある、△：一部あり、×：なし、―：該当するものがない

■サービス A：運用設計軽視パターン

　サービス A は上位のドキュメントがしっかり残っているので、サービスの導入はしっかり検討していたけれど運用設計がおざなりになってしまったパターンです。「開発構築は手順書を作るまで、運用設計は運用がやるべき」というパターンで、これまでのシステム導入でもっともよく見られたものです。運用設計に対する意識が低いので、「パラメータシートと手順書があればどうにかなるでしょ？」という気持ちで資料作成がされているのでしょう。作られた手順をどのタイミングでやればよいのか、前後作業はないのか、作業時に影響を受けるシステムはないのか、などはどこにも記載されていません。

　運用設計は運用がやるべきという役割分担が間違っているわけではないのですが、その場合はサービス開発時から運用者の稼働を運用設計用に確保するべきです。運用が始まったあとに運用設計するのは、サービス導入時の品質を著しく下げることになりますので絶対に避けるべきです。

◉図　運用設計軽視パターン

■サービス B：とりあえずシステム導入パターン

　サービス B は設計構築ドキュメントがほとんど残っていない、もしくは残っているけど最新ではない状態です。実際の例としては、最新の PaaS や SaaS などをとりあえず入れてみて、なんとなく会社に定着しているパターンとなります。

　クラウドサービスが普及して、すばやく安価に PoC（概念検証）やプロトタイプが作成できるようになりました。最初は小さな範囲で利用開始していたのが、徐々に範囲が広がって、気がついたらほとんどの社員が使っているということもあります。クラウドサービスの管理をしっかりとしないと、サービス B のパターンは今後増えていくことになるでしょう。

● 図　とりあえずシステム導入パターン

■ サービス C：無料サービスを勝手に登録パターン

　クラウドサービスの中には、メールアドレスを登録してクリックするだけで利用できるものがたくさんあります。無料で使える便利なサービスを使う人はこれからどんどん増えていくことでしょう。しかし、登録したあとそのまま放置してしまうとセキュリティ上の問題があるため、利用を継続するのであればしっかり管理せざるを得なくなります。

　こうした情報システム部門が管理しきれていない野良サービスを放置することは、社内の重要なデータが意図せず流出する情報セキュリティインシデントへつながります。こちらも今後増えていくと思われるパターンなので、野良サービスを発見した場合の対応を決めておく必要があります。

● 図　無料サービスを勝手に登録パターン

■ サービス D：システム更改繰り返しパターン

　システム更改を何度か繰り返して「既存踏襲」をした結果、要件定義書や基本設計書から重要な情報が欠落してしまっているパターンです。歴史の長い企業、

古くからシステム導入をしている企業で多く見られます。

　長く運用を続けているので、運用に関するドキュメントはあるのですが、責任範囲はあいまいでベテラン運用者の勘と経験で安定運用が実現されています。古くからあるシステムなので、さまざまなシステムとも密接に連携しており、このシステムが止まるとどこに影響が出るのかわからないので「絶対に止めてはいけない」と恐れられています。

▶図　システム更改繰り返しパターン

■**サービスE：完璧パターン**

　サービス開始までに検討されたことがすべてドキュメンテーションされているパターンです。このパターンが増えていくことを心から望んでいます。作成されたドキュメントをもれなく受け取るためには、受け入れ側の体制も整える必要があるので開発と運用が適切なコミュニケーションを取れる態勢を作る必要があります。

▶図　完璧パターン

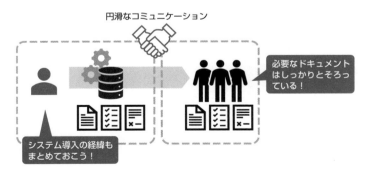

2.6 本当に運用に必要なドキュメントが何なのかを考える

　現状把握ができたら、必要なドキュメントのベースラインを決めていきます。まずはドキュメントの種類から、運用に必要かどうかを考えてみましょう。

▶表　ドキュメントの要否検討

種類	要否	理由
開発構築に必要なドキュメント	▲	構成図や設定値などは必要だが、要件定義書や基本設計書はなくてもなんとか運用できる
ユーザー向けのドキュメント	●	ユーザーがサービスを利用するために必要
契約上必要なドキュメント	●	サービスを維持するために必要
運用に必要なドキュメント	●	運用するために必要

　このように、開発構築に必要なドキュメントの一部はなくても運用することが可能です。要件定義書や基本設計書を運用時に再作成する場合、本当に信頼できるドキュメントにしようとすると、システム導入時に検討したのと同等の工数がかかる可能性もあります。開発構築に必要なドキュメントは、運用側でがんばって再作成するよりも、ドキュメントが存在しないというリスクを許容しておいて、システム更改や機能追加のタイミングに合わせて開発構築プロジェクトで再作成してもらうほうがよいでしょう。

　次に、システム導入後にドキュメントを再作成する場合の難易度をまとめておきましょう。基本的に上流工程で作成されたドキュメントほど再作成は難しくなります。

● 表　再作成の難易度

ドキュメント名称	再作成の難易度	説明
要件定義書	高	システム導入にかかわっていた人が残っていない場合、なぜその要件となったのかを正確に導き出すことはほぼ不可能
基本設計書	高	導入時の検討資料や議事録などが残っていない場合、なぜその方式を選択したかを正確に導き出すことはほぼ不可能
システム構成図	中	実際の構成要素を調べていくことで作成可能（基本設計書の1項目の場合もあり）
詳細設計書	低	実際に実装されている機能などから情報をまとめていくことは可能
パラメータシート	低	実機を確認していけば作成することが可能
運用設計書	中	現在の運用から再作成することは可能だが、なぜそうなったのかについては導入時の検討資料や議事録が残っていない場合は再現不可能
運用体制図	低	現在の運用から再作成することは可能
運用項目一覧	中	サービス機能の一覧、システム構成図、運用体制図が存在すれば作成することが可能
運用フロー	中	運用項目一覧と運用体制が判明していれば作成可能
運用手順書	低	現在実施している作業をまとめることで作成可能
台帳	低	必要な項目をまとめることで作成可能
一覧	低	必要な項目をまとめることで作成可能
申請書	低	実際に行われている申請作業をまとめることで作成可能

● 図　工程による難易度の違い

この中でもっとも再作成する価値が高いドキュメントは、**システム構成図**、**運用体制図**、**運用項目一覧**の3つです。これら3つのドキュメントから、具体的に何を知ることができるのかを学んでいきましょう。

2.6.1　サービスの管理範囲を決めるシステム構成図

　システム構成図からは、システムを構成しているサーバーやネットワーク環境、ミドルウェアなどのコンポーネントがわかります。システム構成図があれば、監視が必要なコンポーネントの洗い出し、バックアップ対象の検討、定期的にパッチ適用やアップデートが必要なコンポーネント、保守期限を気にしなければならない機器やミドルウェアなどを確認することができます。

　つまり、システム構成図からは基盤運用項目の洗い出しが可能だということです。具体的な洗い出し項目は以下となります。

◉ 表　基盤運用項目の洗い出し

運用分類	運用項目	洗い出し内容
基盤運用	パッチ運用	・定期的にパッチ適用が必要なコンポーネントはどれか？ ・パッチ適用する際にバージョンなどの依存関連があるコンポーネントはどれなのか？
	ジョブ／スクリプト運用	・コンポーネントに対して定期的に自動実行されている処理はあるか？ ・処理が異常終了した場合や処理を変更するための手順書などがあるか？
	バックアップ／リストア運用	・それぞれのコンポーネントのバックアップに関する情報はまとまっているか？ ・手動でのバックアップ手順書、リストア手順書が存在するか？ ・ユーザーからの依頼トリガーでリストアしなければならないコンポーネントがあるか？
	監視	・それぞれのコンポーネントに対する監視の情報がまとまっているか？ ・監視を変更する手順や変更依頼フローがまとまっているか？ ・エラー検知を受け取った後の対応フローがまとまっているか？
	ログ管理	・それぞれのコンポーネントで必要なログが取得されているか？ ・監査ログはセキュリティポリシーに従った期間保管される仕組みになっているか？ ・ユーザーからの依頼トリガーでログ提出しなければならないコンポーネントがあるか？
	運用アカウント管理	・それぞれのコンポーネントで特別に管理しなければならないアカウントは存在するか？ ・アカウントとパスワードの管理方法と手順がそろっているか？ ・管理台帳が存在して、定期的に棚卸する周期がまとめられているか？
	保守契約管理	・保守契約を結んでいるコンポーネントが存在するか？ ・契約更新のためのフローや手順がまとまっているか？ ・機器交換時の依頼方法、現地立ち会いなどの対応手順がまとまっているか？

　より具体的な基盤運用の設計方法については、前著の『運用設計の教科書』を

参照してください。システム構成図は、サービスの運用対象範囲を決める重要ドキュメントになるので、存在しない場合はすぐに作成してサービスごとの管理対象範囲を明確にしましょう。

2.6.2 関係者の範囲と役割分担を決める運用体制図

運用体制図を作成することで、サービスを維持するためにどのような役割が必要なのかを把握できます。登場人物と役割がはっきりしていないと、問い合わせ対応やアラート対応、障害対応などで作業のお見合いが増えてしまい、ユーザーがサービスを円滑に利用できない状況に陥ります。

だれがどのような役割であるかを運用全体で認識することは、コミュニケーションをスムーズにしてくれます。また、運用改善によって役割を見直す場合の指針にもなります。サービスごとの運用体制と合わせて、サービスを横断した運用体制を把握できるようになっているとなおよいでしょう。

▶図 サービス単体の体制図

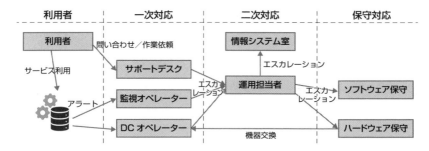

63

▶ 図　サービス横断の体制図

	サービスA	サービスB	サービスC	サービスD	サービスE
一次対応					
サービスデスク	自社サービスデスク	なし	なし	自社サービスデスク	自社サービスデスク
監視オペレータ	A社監視サービス	情報システム部門	なし	A社監視サービス	A社監視サービス
DCオペレータ	A社DC管理サービス	クラウドのためなし	クラウドのためなし	A社DC管理サービス	A社DC管理サービス
二次対応					
管理組織	情報システム部門	情報システム部門	開発部門	情報システム部門	情報システム部門
運用担当者	B社運用サービス	情シス運用チーム	開発部門 佐藤さん	B社運用サービス	C社運用サービス
保守対応					
ソフトウェア保守	開発元保守契約	サービスサポート契約	保守契約なし	開発元保守契約	開発元保守契約
ハードウェア保守	ベンダー保守契約	クラウドのためなし	クラウドのためなし	ベンダー保守契約	ベンダー保守契約

　サービス横断の体制図については、サービス管理台帳の項目に追加して管理してもよいでしょう。そうすることにより、新規サービスを追加する際に、それぞれの運用業務をどの組織が担当すればよいかについての判断を、開発段階から行えるようになります。

2.6.3　サービスの作業と作業に必要な情報を取りまとめる運用項目一覧

　システム構成図と運用体制図を合わせて、表にしたものが運用項目一覧となります。運用項目一覧で管理する運用分類として、以下の 3 つがあります。

- ・業務運用：サービスを提供するアプリケーションとユーザーに関する業務
- ・基盤運用：アプリケーションが問題なく動作するためのシステム基盤に関する 業務
- ・運用管理：運用全体を円滑に行えるように、全体のルールとものさしを決めて 管理する業務

　運用項目一覧では、サービスで必要となる手作業をキーとして、だれが、何を参照して、どんなトリガーで、月に何回ぐらい、1 回に何時間程度かかる作業なのか、をまとめていきます。これにより、運用者がやるべき作業が可視化され、

作業実施の際に参照する運用フローや運用手順書などの整備状況もわかるように
なります。また、自動化した際に短縮される作業時間、影響を受ける担当者、ド
キュメントなども把握できるようにもなります。運用業務の全体像が把握でき、
運用改善の指針にもなる運用項目一覧は、運用に関するドキュメントの中でも最
重要のドキュメントになります。

▶ 表　運用項目一覧の作成

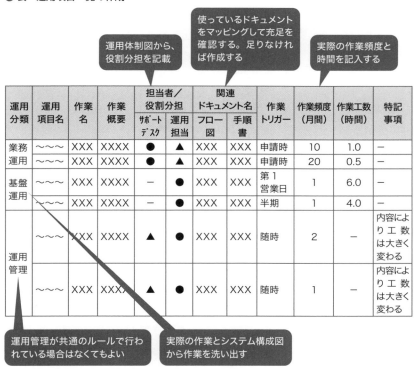

運用分類	運用項目名	作業名	作業概要	担当者／役割分担		関連ドキュメント名		作業トリガー	作業頻度（月間）	作業工数（時間）	特記事項
				サポートデスク	運用担当	フロー図	手順書				
業務運用	〜〜〜	XXX	XXXX	●	▲	XXX	XXX	申請時	10	1.0	−
	〜〜〜	XXX	XXXX	●	▲	XXX	XXX	申請時	20	0.5	−
基盤運用	〜〜〜	XXX	XXXX	−	●	XXX	XXX	第1営業日	1	6.0	−
	〜〜〜	XXX	XXXX	−	●	XXX	XXX	半期	1	4.0	−
運用管理	〜〜〜	XXX	XXXX	▲	●	XXX	XXX	随時	2	−	内容により工数は大きく変わる
	〜〜〜	XXX	XXXX	▲	●	XXX	XXX	随時	1	−	内容により工数は大きく変わる

運用体制図から、役割分担を記載

使っているドキュメントをマッピングして充足を確認する。足りなければ作成する

実際の作業頻度と時間を記入する

運用管理が共通のルールで行われている場合はなくてもよい

実際の作業とシステム構成図から作業を洗い出す

2.6.4　運用で重要なドキュメントまとめ

　運用を行ううえでもっとも重要となるドキュメント、システム構成図、運用体
制図、運用項目一覧について説明してきました。

　システム構成図と運用体制をもとにして、運用項目一覧はできあがります。運
用項目一覧さえまとまってしまえば、あとは運用フロー図や手順書、パラメータ

シートなどを再作成していくだけです。

○図　運用で重要なドキュメントまとめ

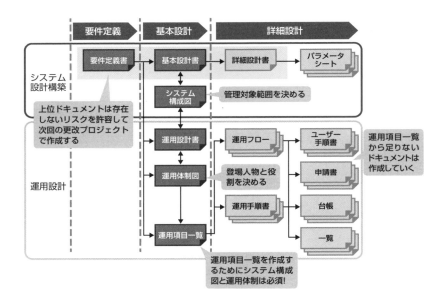

　再作成するドキュメントは完璧である必要はありません。まずは土台となる資料を作成して、内容については運用中に更新していけばよいのです。運用ドキュメントを正しく更新していく仕組みについては後ほど解説します。

　最後に残った運用設計書ですが、サービスごとに運用設計書を作るよりも、サービスを横断して企業全体で運用設計を実施したほうが効率的な運用が可能になります。続いて、情報システム部門全体の運用設計書を作成するための考え方を見ていきましょう。

ここがポイント！

まずは必要最低限のドキュメントを準備して、運用ルールを可視化することが大切ですね

2.7　サービスを横断した情報システム部門全体の運用設計を考える

　運用設計は、サービスごとに設計されるより、企業全体で統一した設計にするほうが管理コストを下げることができます。**企業全体の運用設計方針**を決めておくことは、サービスの安定運用と運用コストの最適化のために重要です。

　申請ルールや運用管理方針、構成管理方針、ナレッジ管理方針などが統一されてくると、おのずと企業全体で同じワークフローツールや運用管理ツールを使うことになります。同じツールを使うことで、ライセンス管理数の削減、手順の管理数の削減、ツール学習にかかる時間の短縮などのメリットもあります。逆に言えば、サービスごとに違うツールを利用しているということは、運用設計が統一されていないともいえます。

　そのため、まずは運用で利用するツールについて考えてみましょう。

2.7.1　運用ツールを統合していく

　運用ツールはできる限り統合したほうが効率的な運用をすることができます。運用ツールを集約して統合するメリットとデメリットは以下となります。

メリット
・ツールの仕様にのっとった運用方法になるため、運用ルールが統一しやすい
・メンバーの運用ツールに関する学習コスト削減になる
・ツール機能を使った自動化などの運用改善を行った際に、統合されているすべてのサービスに展開できる
・共通のツールを利用することで、異なるサービスの実行結果の結合などのデータ収集／分析が容易になる

デメリット

・ツールによるベンダーロックインが起こり、他のツールへの乗り換えが難しく
　なる
・ツールに不具合が発生した際にすべてのサービスに影響が出る
・サービス規模によってはオーバースペックとなることがある

　デメリットを少なくするためにもツールの選定を慎重に行う必要があります
が、運用ツールを共通化することによって、自動化による効率化や運用チームの
統合によるコスト最適化などを目指すことができます。
　情報システム部門全体の運用設計を考える場合、まずは以下のような表を作成
して運用ツールの洗い出しを行いましょう。

▶ 表　運用ツールの洗い出し表（例）

分類	ツール分類	サービス A	サービス B	サービス C	サービス D	サービス E	統合方針
業務運用	ワークフロー	A 社ツール	メール	チャット	A 社ツール	メール	A 社ツール
基盤運用	パッチ運用	手動	B 社ツール	なし	B 社ツール	手動	B 社ツール
	ジョブ管理	C 社ツール	C 社ツール	なし	C 社ツール	なし	C 社ツール
	バックアップ	D 社ツール	手動	なし	D 社ツール	サービス機能	D 社ツール／サービス機能
	監視	A 社監視サービス	OSS ツール	なし	A 社監視サービス	A 社監視サービス	A 社監視サービス
	ログ管理	E 社ツール	なし	なし	E 社ツール	サービス機能	E 社ツール
運用管理	運用管理（チケット管理）	Excel	社内コミュニケーションツール	社内コミュニケーションツール	F 社運用管理ツール	F 社運用管理ツール	F 社運用管理ツール
	構成管理	Excel	Excel	なし	F 社運用管理ツール	F 社運用管理ツール	F 社運用管理ツール
	ナレッジ管理	Excel	社内コミュニケーションツール	社内コミュニケーションツール	ポータルサイト	ポータルサイト	ポータルサイト

　運用ツールの洗い出しが完了したら、統合方針を決めていきます。
　ツールの選定方法は、運用作業のデジタル化を見据えて行う改善です。たとえ
ばワークフローシステムの代わりにメールやチャットを使うこともできますが、
メールだと申請履歴が追いづらく、チャットだと申請データが散逸してしまいま

す。1 つのツールに集めるということは、該当の作業データをデータベース化することでもあります。

　同じようなツールを 2 つ利用している際は、必要となるツールの機能を洗い出し、機能要件を満たしたうえでライセンスや購入費用が安価なものを選ぶとよいでしょう。

　実際の運用ツールの統合はかなり稼働のかかる作業です。すでに運用が開始している場合、問題が発生していないのに運用ツールを入れ替えると無用なトラブルを発生させてしまう可能性もあります。

　そのため、統合方針を適用する条件は以下のように考えておくとよいでしょう。

① 新規サービス導入、システム更改の際にはできる限り統合方針に従う
② 何らかの障害が発生したために運用ツールの入れ替えを検討する際は統合方針に従う

　上記の 2 つ以外としては、運用改善活動として運用ツールの統合を行うことが想定されます。ワークフローや監視ツールの統合は、自動化や分析などの面でメリットが大きいので運用改善として検討してもよいかもしれません。逆にバックアップやパッチ運用はそれほど大きな統合メリットが見込めませんので、ゆるやかに統合していくのがよいでしょう。

2.7.2　サービスレベルごとの運用方針を検討する

　運用ツールの統合方針が完了したら、次は**サービスレベル**ごとの運用方針をまとめていきましょう。サービスレベルは、ユーザーへどれぐらいのサービスを提供するかを定めて、サービスの品質を一定に維持する基準です。社内の一部しか利用していないサービスに 24 時間 365 日の監視対応は過剰ですし、企業の顔となっているようなコンシューマー向けのサービスの監視が平日 9 時〜 17 時では足りないでしょう。

　こうしたサービスのレベルを決めて、それに応じた運用方針を定める必要があります。細かい運用におけるサービスレベルの決め方ついては、IPA の「非機能要求グレード」や『サイトリライアビリティワークブック SRE の実践方法』（オ

ライリー・ジャパン）のような SLO に関する書籍などを参照してください。

　サービスレベルによって運用設計方針が変わる代表的な項目をまとめておきます。

●表　サービスレベルごとの運用基本方針（例）

分類	運用項目	サービスレベル高	サービスレベル中	サービスレベル低
業務運用	申請書対応リードタイム	15 時までの申請は当日対応	申請の翌営業日までに対応	申請の 3 営業日までに対応
	サポートデスク優先度	高	中	低
基盤運用	定期パッチ適用周期	毎月実施	四半期で実施	半期に一度実施
	バックアップ取得周期	重要データは日次で取得システムデータは週次で取得	データは週次で取得システムデータは月次で取得	システム変更時の作業前後で取得
	監視対応優先度	高	中	低
	ログ保管期間	障害対応用に 3 ヵ月監査用に 3 年、外部保管で 10 年	障害対応用に 3 ヵ月監査用に 2 年	障害対応用に 1 ヵ月監査用に 1 年
運用管理	インシデント対応優先度	高	中	低
	定期報告周期	週次／月次	月次	四半期
	IT サービス継続性管理対応	DR サイトありのため年次で訓練を実施	なし	なし

　すべてのサービスを厳密にレベル分けすることは難しいですが、設計のガイドとしてサービスレベルごとの運用設計方針が決められていると、開発側がサービスを導入する際に、システム基盤のパッチ適用、バックアップ、監視、ログ保管などのシステム基盤方針を迷わずすばやく設計することができます。運用受け入れ側も、レベルに応じた人員の配置計画をサービス導入検討段階から準備できるようになります。

　大企業で多くのサービスを管理しなければならない場合、サポートデスク問い合わせやインシデント発生が同時に起こるようになるため、サービスレベルに応じた優先度の設定は重要になります。

2.7.3　サービス共通の運用方針を検討する

　次に、サービスレベルに関係ない項目を、サービス共通の運用方針として以下にまとめました。

▶ 表　サービス共通の運用方針（例）

分類	項目	検討する内容
業務運用	申請作業	基本的な申請フロー、申請対応方針、緊急申請作業に関する考え方など
	サポートデスク	問い合わせ対応、情報発信、FAQ の更新、問い合わせ情報のとりまとめ・報告など
基盤運用	パッチ運用	定期パッチ適用方針、緊急パッチ適用方針など
	ジョブ／スクリプト運用	共通で利用しているジョブ管理ツールのジョブスケジュール変更方法、登録済みジョブの再実行依頼、登録済みジョブの停止の方法など
	バックアップ／リストア	共通で利用しているバックアップツールのスケジュールの変更方法、依頼によるデータリストア、依頼による手動バックアップ取得など
	監視	監視アラートを検知時の対応、監視設定追加・変更・削除など
	ログ管理	監査対応、ログのアーカイブ対応など
	運用アカウント管理	アカウント追加・変更・削除、アカウント棚卸方針、パスワード変更方針など
	保守契約管理	保守契約管理台帳の更新、機器故障時対応など
運用維持管理	サービスレベル管理	発注者とユーザーの間で結ばれているサービスレベルを維持するための運用体制や仕組み
	可用性管理	サービスに求められる可用性から、稼働データを収集・分析・報告する仕組み
	情報セキュリティ管理	全社で決まっているセキュリティ方針を維持するために、運用がするべきこと
	IT サービス継続性管理	災害時にサービスを継続するために運用がするべきこと
	運用要員教育	運用ドキュメントをベースに各運用担当者がどこまでシステムを理解しているべきかの基準、定期訓練の実施周期など
運用情報統制	インシデント管理	チケット起票、発生事象の確認、影響範囲の確認、ナレッジ確認、ワークアラウンドの実施、サポートへの問い合わせなど
	問題管理	問題管理表への起票、根本原因の調査、対応方針の検討、対応・対策の実施など
	変更管理	変更要求の起票、変更作業計画の策定、承認など
	リリース管理	リリース計画の作成、承認など
	リクエスト対応（改善要望）	改善要望の受付、要望実現判断など
	ナレッジ管理	ナレッジの収集、選別、活用など
	構成管理	管理対象の追加、更新、削除、棚卸など
定期報告	定例報告	情報収集、報告用資料の作成、開催調整など

　すでに運用設計書がある場合は、上記の項目と照らし合わせて点検しながら内容の充足を確認してみてください。

ここがポイント！

サービスを横断してルールを集約、統合していくと、ルールもわかりやすくなっていきますよ

2.8 運用ドキュメントを確実に更新していく仕組みを組み込む

　作成した運用ドキュメントに修正が必要となった場合、もれなく更新していかなければなりません。そうしないと障害発生時などでドキュメントを参照した際、古い情報をもとに対応してしまって障害を長引かせたり、さらなる障害を発生させたりする可能性があります。また、運用改善などで現状を調査しようとした際に、最新情報がわからず正しい状況判断ができなくなります。加えて、最新情報がわからなくなることは、メンバー交代時に正しい情報での引き継ぎが行えなくなることも意味しています。

　なぜ更新漏れが発生してしまうのでしょうか？ 構成情報を更新しない理由としては、以下の4つが考えられます。

① 変更した内容は覚えているから大丈夫だと思っている（そもそもやるつもりがない）

② 構成情報を更新しなくても問題が発生しないから大丈夫だと思っている（やる文化がない）

③ 修正作業やリリース作業を無事に終わらせることを優先して後回しにしている（やるつもりはあるが忘れる気も満々）

④ 変更した内容を都度ドキュメント修正するのが面倒なので、いつか一気に修正しようと思っている（たぶんずっとやらない）

　運用で管理しているドキュメントなどの構成管理情報を放置することは、導火線の長い爆弾です。更新しなくてもその場では何の影響もありませんが、放置しておくといつかどこかで必ず爆発します。この積み重ねが、運用の属人化を生んでいるといっても過言ではありません。

　そうならないためにも、確実に構成情報が更新されるような仕組みを作り、更新漏れを防止していくしかありません。運用中のサービスの構成情報更新トリ

ガーには、おもに以下の 3 つのパターンがあります。

① 障害などのインシデント管理の恒久対策として構成アイテムに変更が入る
② パッチ適用、機能追加などのアップデート作業によって構成アイテムに変更
　 が入る
③ 運用改善によって手順が自動化されたり、申請がワークフローシステムに取
　 り込まれて構成アイテムに変更が入る

●図　構成情報の更新パターン

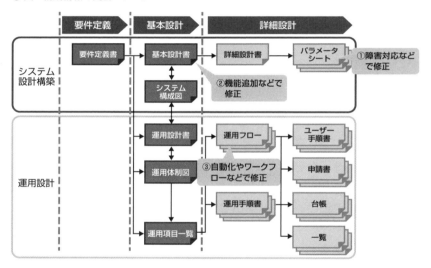

　基本的に構成管理情報の更新は、変更管理とリリース管理のプロセスで変更が
発生していないかをチェックし、ドキュメントの最新状態を維持していきます。
　どのパターンでも、以下の作業を追加することでドキュメントの更新漏れを防
ぐことができます。

・変更管理でシステムに対する変更点を明らかにする際に、修正するドキュメン
　トを明らかにする
・リリース完了判定では、正しくドキュメント修正したエビデンスの提出を義務
　化する

◉図　プロセスごとの構成管理タスク

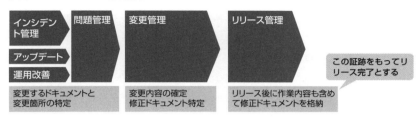

　それぞれのパターンについて、どのプロセスでどのように対応していくかをもう少し詳しく確認していきましょう。

2.8.1　インシデント管理の恒久対策として構成アイテムに変更が入る

◉図　インシデント管理が始点となる構成アイテムの変更

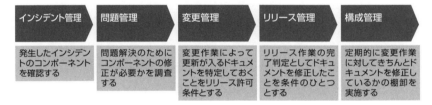

インシデント管理

　システム障害が発生した際、その原因がOSやミドルウェア、ソフトウェアのバグにある場合もよくあります。インシデント管理では、修正が必要になりそうなコンポーネントの特定を行います。

問題管理

　インシデント管理は暫定対処した状態ですが、問題管理では恒久対策を検討する段階になります。解決策としてコンポーネントにパッチを適用したり、関連コンポーネントの設定変更を実施しなければならないこともあります。問題管理では、どのコンポーネントにどのような対処が必要かを確認していきます。

変更管理

　問題管理でコンポーネントに対してどのような対応が必要になるかが判明したところで、その対策を実施した場合にどのような影響が発生するかを具体的に検討する段階となります。検証環境などで実際の対策を実施してみたうえで、関連システムなどに影響がないかも含めて調査します。その締めくくりとして、どのドキュメントに修正が入るかを確定させます。運用手順書や台帳に修正が入る場合は、それらも対象とします。

リリース管理

　無事にリリース作業と正常性の確認が終わったら、ドキュメントの修正を行います。事前に修正しておいたドキュメントを差し替える場合も多いかと思いますが、その際は実際に実施した内容と事前に修正した内容に相違がないかを確認しましょう。ドキュメント修正までをリリースの完了判定として、修正漏れが起こらないようにしましょう。

構成管理

　どれだけチェックしても、人が行う作業なので更新漏れが発生してしまう可能性はあります。更新漏れを減らす活動として、変更管理やリリース作業の一覧をもとに変更内容がドキュメントに正しく反映されているかの棚卸を実施します。半期に一度程度の頻度で、運用閑散期に棚卸を行えば、ドキュメントの最新性はかなりの確度で保たれていくでしょう。

2.8.2　リリース作業によって構成アイテムに変更が入る

▶図　イベントが始点となる構成アイテムの変更

アップデート発生	問題管理	変更管理	リリース管理	構成管理
ベンダーから変更内容が周知されたら問題管理へエントリーする	問題管理へエントリーして他システムへの影響や実施判断を行う	変更作業によって更新が入るドキュメントを特定しておくことをリリース許可条件とする	リリース作業の完了判定としてドキュメントを修正したことを条件のひとつとする	定期的に変更作業に対してきちんとドキュメントを修正しているかの棚卸を実施する

　変更管理以降は前述と同じなので、前半の「アップデート発生」と「問題管理」部分の説明をしていきましょう。

アップデート発生

　ベンダーからアップデートの発生が知らされたら、問題管理へエントリーします。アップデート内容の検証、アップデート実施の有無などは問題管理にて検討します。

問題管理

　問題管理プロセスにエントリーしたら、パッチ適用やソフトウェアの機能追加などによって具体的にどのような修正が入るのかを特定しなければなりません。別途プロジェクトが組まれて対応している場合は、ドキュメント修正をプロジェクト側にお任せすることができますが、運用で対応する場合は修正箇所を自力で特定する必要があります。利用しているサービスの保守サポートなどで、アップデートの変更内容を連携してもらえる契約もあります。サービスレベルの高いサービスであれば、そのような契約を結ぶことを検討してもよいでしょう。

　今回は SaaS のアップデートが起こった場合に、どのようにドキュメント変更箇所を探っていくかについて考えてみましょう。

■ SaaS のアップデート時の対応方法

　アップデートの場合、追加された機能や変更した仕様がリリースノートに記載されます。リリースノートが記載されている場所は公式サイトであったり、新しいバージョンのマニュアルであったりとさまざまですが、まずはその情報を手に入れましょう。

　スクラッチ開発しているソフトウェアでも基本的な考え方は同じで、追加された機能や変更となった仕様の情報を手に入れます。

　変更点を Excel などに項目として並べて、次の表のような変更要求リストとして情報を追記できる状態にします。

▶表　変更要求リスト

変更点	ドキュメント修正	修正するドキュメント名	修正内容
●●の機能を追加	新規作成	●●利用手順書	新機能を利用するための手順書を新規で作成する
▲▲の管理画面 UI 改善	修正	▲▲運用手順書	画面の変更を反映する
■■のフィルタータイプ変更	修正	■■パラメータシート	パラメータの変更を反映する
××の仕様変更	なし	なし	××の機能を利用していないため

　変更点を項目として並べたら、それぞれがどのドキュメントにどんな影響を与えるかを記載していきます。変更点に対する対応は、複数人でレビューをして精度を上げていきましょう。変更点が漏れていると、修正するドキュメントも漏れてしまうので注意してください。

　変更点を並べた段階で新機能を積極的に利用するユースケースが見当たらない場合は、アップデート作業自体を見送る場合もあります。アップデートする場合は変更管理プロセスへエスカレーションし、関係するサービス管理者がいれば変更要求リストを連携します。変更要求リストを連携されたサービス管理者は、連携された情報を確認してシステム間の連携に問題が発生しないかなどのチェックを行います。

　運用でクラウドサービスを利用していく場合、ベンダーが任意のタイミングでアップデートを行うため、運用もそれに追随していかなければなりません。これまでよりも頻繁にベンダーの公式発表や公式マニュアルを確認する必要が出てきます。そういった新たに必要となるクラウドサービスの運用については 5 章で詳しく説明します。

ここがポイント！

クラウドサービスでは、変更をしっかり追いかけていくのが大切です！

2.8.3　運用改善によって構成アイテムに変更が入る

▶図　運用改善が始点となる構成アイテムの変更

運用改善施策立案	問題管理	変更管理	リリース管理	構成管理
運用改善施策を策定する	運用改善施策を問題管理へエントリーして実施時期を調整する	変更作業によって更新が入るドキュメントを特定しておくことをリリース許可条件とする	リリース作業の完了判定としてドキュメントを修正したことを条件のひとつとする	定期的に変更作業に対してきちんとドキュメントを修正しているかの棚卸を実施する

　運用改善についても変更管理以降は前述と同じなので、前半の「運用改善施策立案」と「問題管理」部分の説明をしていきます。

運用改善施策立案

　運用改善の場合は、事前に調査、検討、施策立案、実施判断を完了しておく必要があります。この運用改善の施策をどのような手順で立案していくかについては3章にて詳しく説明します。

問題管理

　運用改善は事前に実施判断まで完了しているので、問題管理プロセスではほかの問題と整合性が取れているかの確認だけになります。運用改善によって関連する問題が解決する場合もありますし、影響度の高い問題を優先して運用改善の実施タイミングを検討する可能性もあります。ほかの問題との関連を確認して、問題がなければ変更管理プロセスへエスカレーションします。もし運用改善施策が他システムへの影響を与えることがわかった場合は、実施内容の再検討が必要となります。

　最後に運用ドキュメントの保管場所について考えてみましょう。

2.9 運用ドキュメントの最新版の場所を明確にする

　最新のドキュメント場所がわからないせいで、現在のシステム状態をまとめた補足資料が増えていくと運用に混乱を招きます。もともとの資料と補足資料のどちらに最新情報が載っているのかわからなくなり、本番環境の実際の設定以外に正しい情報が何ひとつないという状況に陥ります。古い手順を参照したり、更新されていないパラメータシートを参照したり、古い資料を参照していたりすると、いずれ大きな事故につながります。

　そうならないためには、最新のドキュメントの管理を徹底しておく必要があります。

　構成管理対象のファイルは 1 ヵ所にまとまっているのが望ましいですが、セキュリティの制限で共有が難しい場合もあります。システムの特権アカウントの台帳などが、セキュリティの制約で共有できないドキュメントの代表例となります。

　そういった場合は、構成管理ファイルが集められている場所に、必要なドキュメントへのリンク集となる「運用ドキュメント一覧」を配置しておき、リンク先は参照権限のある人だけが閲覧できるようにしておきます。運用ドキュメント一覧を作成しておくことで、ドキュメントが見れない人でもそのサービスにどのようなドキュメントが存在しているかを確認することができます。

▶図 構成管理ファイルの整理

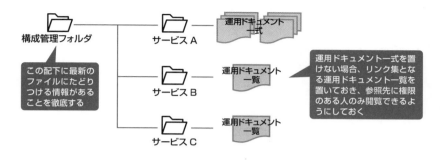

運用ドキュメント一覧には、以下の情報を記載しておきます。

▶表 運用ドキュメント一覧の項目

項目	説明
分類	要件定義書、設計書、運用手順書、台帳、申請書などのドキュメントの分類を記載する
ドキュメント名	ドキュメントの名称を記載する
版数	ドキュメントの版数を記載する（ドキュメント側で変更履歴をつけている場合は省略も可）
最終更新日	ドキュメントの最終更新日を記載する（ドキュメント側で変更履歴をつけている場合は省略も可）
最終更新者	ドキュメントの最終更新者を記載する（ドキュメント側で変更履歴をつけている場合は省略も可）
管理主幹	ドキュメントを管理する役割名を明記する
構成管理対象	ドキュメントが構成管理対象かどうかを○×で記載する
ユーザー	ドキュメントのユーザーを記載する
フォルダパス	ドキュメントが格納されているフォルダパスを記載する

　版数、最終更新日、最終更新者の項目は、あると便利ですが、ドキュメント側の変更履歴で管理しているのであれば二重管理になってしまうので、項目として採用しないのも手でしょう。

　ドキュメントはあるけれど、構成管理対象ではない資料も多少あります。報告書のひな形やメールのひな形などは構成管理対象としないケースが多いです。構成管理対象とは、サービスの最新状態を書き残しておかなければいけないドキュメント、と覚えておきましょう。

　また、管理主幹とユーザーが違うドキュメントについては、更新時に関係者へ
の注意が必要です。下記の例だと、管理主幹が「運用チーム」となっていて、ユー
ザーが「全チーム」もしくは「ユーザー」となっているドキュメントについては
修正を周知する必要があります。

▶表　構成管理対象の管理主幹とユーザー

分類	ドキュメント名	管理主管	構成管理対象	ユーザー	備考
設計書	運用設計書	運用チーム	●	全チーム	
運用フロー図	運用管理フロー	運用チーム	●	全チーム	
手順書	▲▲利用手順	運用チーム	●	ユーザー	
一覧	連絡先一覧	運用チーム	●	全チーム	
報告書	月次報告書（ひな形）	運用チーム	×	運用チーム	ひな形のため構成管理対象外とする
一覧	メールフォーマット一覧	運用チーム	×	運用チーム	運用チーム内部利用のため構成管理対象外とする

このパターンは修正を知らせる方式を検討しておく必要がある

　関係者が多数いる場合は構成アイテム変更フローを定めてもよいですし、それ
ほど関係者が多くない場合は運用ドキュメント一覧に周知方法を書き残しておく
だけでもよいでしょう。

2.10 まとめ

　2章を通して、サービス管理をするための運用ルールの見直しポイント、構成管理の大切さとその実施方法をお伝えしてきました。最後に2章のキーメッセージをまとめておきましょう。

・運用改善は運用ルールの定義とプロセスの可視化から始まる
・できるだけ社内のサービスは同じルール、同じツールで運用していく
・サービスポートフォリオ管理で社内のサービスを横断的に確認できるようにして、サービスのライフサイクルも管理する
・運用受け入れ基準を作ることによって、サービス導入時に必要なドキュメントをそろえることができる
・運用でもっとも重要なドキュメントは、システム構成図、運用体制図、運用項目一覧の3つ
・運用設計書は全社共通のものを作成する
・変更管理とリリース管理で確実にドキュメントが更新されるようにする
・ドキュメントの最新版を明確にして、構成管理外の補足資料の作成を防ぐ

　続いて3章では、申請作業の自動化を例にとりながら、運用改善プロセスをどのように回していくかを説明しましょう。

第 **3** 章

運用を分析して改善する

3.1　運用データを管理観測する

　運用ルールの見直しが終わったら、実際のデータを分析して運用改善を行っていきましょう。

　効果が実感できる運用改善を実施するためには、現状分析が欠かせません。現状と改善後の差分が実施効果となります。

　1 章でも触れましたが、運用で管理しているデータには以下の 2 つがあります。

・サービス運行状況（障害やキャパシティ）のデータ
・ユーザーからの申請や問い合わせに関するデータ

　運用改善の施策内容にあわせて、これらのデータを数値化して運用チームの状況を測定できるようにしていきます。数値化によって測定する代表的な内容は、以下のような項目です。

・どのサービスでどのぐらいの稼働が使われているのか？
・運用チームが分かれている場合は、どのチームに負荷がかかっているのか？
・システムリソースを一番利用しているサービスは何なのか？
・よく使われているサービス、まったく使われていないサービスは何なのか？

　これらのことを感覚ではなく、数値で把握できるようにするところから運用改善は始まります。それにより、COBIT 成熟度モデルのレベル 4「管理測定が可能」状態を目指していきます。

● 表 COBIT 成熟度モデル

レベル	最適化範囲	例
0	プロセス不在	・業務プロセスがまったく存在していない ・解決すべき課題があることすら認識していない
1	個別対応	・解決すべき課題があることは認識している ・しかし、標準的な業務プロセスは存在せず、個々人／場面ごとに個別にアプローチしている ・全般的にマネジメント手法が体系化されていない
2	再現性はあるが直感的	・同じタスクを異なる人が行う場合、似たような手順となる ・手順を習得するための研修の実施、情報共有、責任はベテラン社員に依存している ・個人の知識に依存している度合が高く、エラーが発生しやすい
3	定められたプロセス	・手順が標準化／文書化されており、研修を通じて共有がなされている ・手順は必須なものとして順守されているが、あり得ないような逸脱が起こる ・手順は洗練されていないが、形式化されている
4	管理測定が可能	・マネジメントチームが手順に準拠しているかを確認し、逸脱した場合は改善がなされる ・手順は一定の改善がなされ、目指すべきレベルが示されている ・自動化とツール化が限られた範囲でなされている
5	最適化	・継続した改善活動により、業務プロセスが目指すべきレベルにまで最適化されている ・品質および効果を高め、業務プロセスを迅速に浸透させるために、ITが統合的に自動化する手段として使われている

　本章ではレベル 3「定められたプロセス」からレベル 4「管理測定が可能」へ向けての改善の方法を説明します。レベル 4 の状態で改善活動を継続することでレベル 5 の「最適化」された状態になることができます。では、実際の運用改善をどのように行っていくかを見ていきましょう。

3.2 運用業務の本質はデータ収集と分析

　IT サービスマネジメントの代表的なガイドラインである ITIL には、「継続的サービス改善」という項目があります。継続的サービス改善には **7 ステップの改善プロセス**があり、それに従って運用改善を実施することで安定稼働によるサービスの品質向上、作業効率化による費用対効果向上などが実現されます。「7 ステップの改善プロセス」は以下のように定義されています。

● 表　7 ステップの改善プロセス

#	ステップ	内容
1	改善のためのアプローチ決定	企業のビジョンや目標などから測定対象となる情報を見極め、目標の達成をどのように支援できるかを定義する
2	測定すべきデータと手法決定	理想的に測定すべきものと、現実に測定できるものの選別を行う。選別結果をもとに現実的な測定計画を立てていく
3	データの収集	測定に必要なデータを収集する
4	データ処理	収集したデータを比較が可能となるような同一条件の形に変換するここで処理したデータが主要業績評価指標（KPI）の前提情報となる
5	情報とデータの分析	データとさまざまな情報を組み合わせて分析して、計画全体と改善施策の検討を行うここでまとめた分析結果はチーム内に共有して合意する
6	情報の提示と活用	測定した情報からデータ分析結果をレポートにまとめて関係者に報告するこのレポートを元に改善活動をどのように実施するかの意思決定を行う
7	改善活動の実践	レポートから改善が必要と判断された活動を実施する改善活動後は、計測によって新たなベースラインを設定する

　「7 ステップの改善プロセス」では、ステップ 1 〜 2 は考え方と方針の整理、ステップ 3 〜 6 はデータ収集と分析とレポート作成となっており、実際に改善活動を実践しているのはステップ 7 だけです。つまり、**方針を決めてデータ収**

集と分析が終われば、もはや改善活動は成功したといっても過言ではないという
ことです。

　本書ではこの流れに従いながら、実際のケースに当てはめてどのような作業を
実施するかを説明していきます。ステップ3「データの収集」とステップ4「デー
タ処理」は同じ流れで行うことが多いため、1つのステップとして扱うこととし
ます。

　まずは「改善のためのアプローチ決定」について考えてみましょう。

3.3 運用改善のアプローチを考える

改善のための アプローチ決定	測定すべき データと手法決定	データの収集／ 処理	情報とデータの 分析	情報の提示と 活用	改善活動の実践

　運用改善の目標は企業の目標が下方展開されたものでなければなりません。企業の目標を鑑みながら、運用改善の目標である「生産性の向上」を実現していきます。

　1 章で解説したとおり、生産性には「**資本生産性**」と「**労働生産性**」の 2 つがあります。それぞれの具体的な例は以下となります。

■資本生産性の例

　複数ある申請方法を統一して、単一のワークフローシステムに統合していく。

▶図　ワークフローの統合（資本生産性の例）

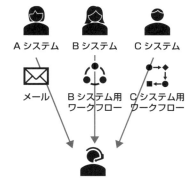
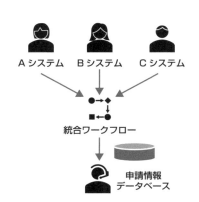

目的
- 複数ある申請フローの整理と、部門ごとに導入しているワークフローシステムを統合して資産生産性を向上させる

想定される効果
- 単一システムになることによって一般社員のシステム理解度が向上し、社内サポートデスクへの問い合わせ件数減少。一般社員が判断に迷う時間の削減
- 不要となったシステムの廃止によるライセンス費用とランニング費用（運用費用／基盤維持費用）の削減
- 申請情報の単一データベース化による可視化

分析、測定するデータ（例）
- 申請方法統合によるランニングコストの削減額（ライセンス、運用者の作業時間）
- 切り替え後 1 年間のサポートデスクへの問い合わせ件数

　運用改善のひとつの柱として、サービスやツールの入れ替え、統合があります。基本的に人間は道具を使えば使うほど理解していく生き物なので、社内で利用するツール類はできるだけ少ないほうが一般社員の習熟度が上がり、社内サポートデスクへの問い合わせは減ります。また、管理の面でもシステムやツールは少ないほうがコストは下がります。

　その反面、長期間ツールを固定してしまうと新しいツールに乗り換える際にユーザーからの反発が出るので、サービスの選定や入れ替えについては計画的に行いましょう。サービス導入が簡単になってしまったからこそ、全社基盤となるツール類は情報システム部門がガバナンスを効かせて管理していく必要があります。

　こういったサービスやツールを統合する改善は資本生産性を向上させる施策と言えるでしょう。

■労働生産性の例

　申請書作業の手順書をスクリプト化して、ワークフローシステムから自動実行させる（申請業務の自動化）。

▶図　申請業務の自動化（労働生産性の例）

●自動化前

●自動化後

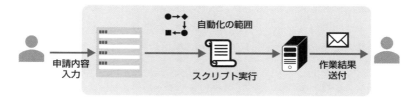

目的

・運用業務の効率化、単純作業の自動化によって労働生産性を向上させる。

想定される効果

・ワークフローシステムでの申請情報入力による申請書内容チェックの自動化、オペレーションミスの軽減

・スクリプト化した手順書の自動実行による作業スピード向上、オペレーションミスの軽減

・申請業務の自動化により作業工数削減、ユーザーへのリードタイムの削減

分析、測定するデータ（例）

・自動化による運用工数削減時間

・自動化した申請業務のユーザーへのリードタイム

　労働生産性を上げる要素には、業務効率化、スキルアップ、経営効率の改善の3つがあります。運用改善の施策としては、やはり自動化などによる業務効率化がメインとなるでしょう。自動化することにより人の手による作業の省力化とオペレーションミスの軽減が見込めます。

　運用改善を実施する際は、まずどれぐらいの作業が省力化されるのか、どのような箇所のオペレーションミスが減るのか、について可視化するところから始めることになるでしょう。本章では、この申請業務の自動化を例に具体的な運用改善について考えてみようと思います。

ここがポイント！

運用改善のアプローチを考えるためには、IT トレンドを知っておく必要がありそうですね

3.4 運用改善の測定すべきデータと手法を決定する

改善のための アプローチ決定	測定すべき データと手法決定	データの収集／ 処理	情報とデータの 分析	情報の提示と 活用	改善活動の実践

　運用改善のアプローチが決まったら、次に観測すべきデータと手法を決めていきます。まずは、改善効果のモニタリング指標について考えてみましょう。

3.4.1　定性的かつ定量的な数値目標を検討する

　運用改善の結果をモニタリングするためには、必ず数値化する必要があります。そのためには、**定性的な目標**と**定量的な目標**の 2 つについて、しっかり区別できるようにしておかなければなりません。

・定性的：やり方（事象、性質など）を新たな形に変更した内容を表す
・定量的：施策実行前後の状況、状態を数値化して表す

　たとえば、「申請プロセスを見直してリードタイムを短縮する」は定性的な目標となります。これが「申請プロセスを見直して申請作業のリードタイムを年間平均値で 20% 短縮する」となると、定量的な目標となります。

　「改善のためのアプローチ決定」で考えた「想定される効果」は定性的な目標です。そこから定量的な目標にするために、「想定される効果」にはどんな要素が含まれていて、どのような数値が測定可能かを考える必要があります。

　そのために、**ロジックツリー**というフレームワークを利用して施策の要素を分解していきます。ロジックツリーとは、ある 1 つの要素についてモレなくダブりなく分解していく手法です。これにより、「申請業務の自動化」に関わる要素を数値で計測できる単位まで分解していきます。

◐図　ロジックツリーによる要素分解

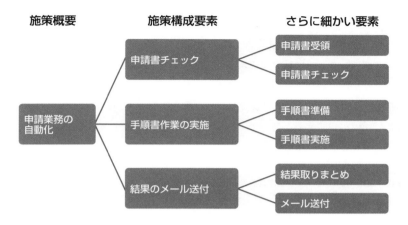

　ひとまとまりの数値として算出できる要素まで分解できたら、分解した要素と、その項目の改善によって期待される効果の測定項目を表にまとめます。「申請業務の自動化」であれば、測定する項目は「一回の作業時間（分）」「年間の作業回数」「年間の作業時間（分）」といった項目になるでしょう。こういった項目を実施前後で比較することで、自動化による削減工数を導き出すことができます。

　ただ、この表自体は机上での予測となりますので、あくまで今後の参考として扱います。ここで検討した内容をたたき台として、このあと実際のデータを集めていき、本当に観測するデータ項目を決めていきます。そのため、まだデータがとれていなくても問題ありません。

◐表　要素ごとの作業時間

最小構成要素	現在の1回の作業時間（分）	現在の年間の作業回数	現在の年間の作業時間(分)	施策実施後の1回の作業時間（分）	施策実施後の年間作業時間（分）
申請書受領	3	???	???	???	???
申請書チェック	10	???	???	???	???
手順書準備	3	???	???	???	???
手順書実施	作業内容による	???	???	???	???
結果取りまとめ	3	???	???	???	???
メール送付	5	???	???	???	???

　次に、項目ごとの測定手法について考えてみましょう。

3.4.2　測定手法を検討する

　モニタリングしたい項目が決まったので、まずは現状把握をしていかなければ
なりません。「年間作業回数」と「1 回あたりの作業時間」がわかれば、「年間の
作業時間」は判明します。2 章で作成した運用項目一覧があれば、サービスごと
にどれだけの申請作業があるか、作業頻度がどれくらいか、1 回あたりの作業時
間はどれくらいか、などがわかります。

▶ 表　運用項目一覧から申請作業を洗い出す

| 運用分類 | 運用項目名 | 作業名 | 作業概要 | 担当者／役割分担 | | 関連ドキュメント名 | | 作業トリガー | 作業頻度（月間） | 作業工数（時間） | 特記事項 |
				サポートデスク	運用担当	フロー図	手順書				
業務運用	～～～	XXX	XXXX	●	▲	XXX	XXX	申請時	10	1.0	—
	～～～	XXX	XXXX	●	▲	XXX	XXX	申請時	20	0.5	—
基盤運用	～～～	XXX	XXXX	—	●	XXX	XXX	第 1営業日	1	6.0	—
	～～～	XXX	XXXX	—	●	XXX	XXX	半期	1	4.0	—
運用管理	～～～	XXX	XXXX	▲	●	XXX	XXX	随時	2	—	内容により工数は大きく変わる
	～～～	XXX	XXXX	▲	●	XXX	XXX	随時	1	—	内容により工数は大きく変わる

> 作業トリガーが「申請時」の項目を見れば「作業頻度」「作業工数」がわかる

　ただし、運用項目一覧では「申請書受領」「申請書チェック」といった最小構
成要素ごとの作業時間はわかりません。作業の最小構成要素単位の時間を調査す
るには、実際に作業しているサポートデスクに確認する必要があります。また、
運用項目一覧はサービスごとなので、複数のサービスを横断して申請作業を自動
化したい場合は、運用項目一覧をマージする必要があります。そのため、今回は
以下の手法で調査すれば、必要なデータが収集できそうです。

・自動化を行うサービスの運用項目一覧をマージして、申請作業の総量を把握する
・申請作業を実際に行っているサポートデスクに、作業の最小構成要素単位でどれぐらい作業時間がかかっているかヒアリングする

　どのような項目のデータを収集するかが決まってきたので、次に実際にデータ収集／処理を行っていきましょう。

| Column | **モニタリングの真の目的は改善活動の定着** |

　施策の効果を定量的に計測するためには、実施前後の差分を出さなければなりません。施策を実施してしまったら実施前のデータを計測することができないので、施策前に必要なデータ収集、処理、分析を行う必要があります。このデータ収集、処理、分析を行わずに運用改善を実施してしまうと、正しいモニタリングが行えずに評価ができなくなります。

　運用改善活動の可視化と評価ができないということは、経営層から見るといつの間にか業務が改善していることになります。いつの間にか「ヒマ」になっている運用チームに訪れる未来は以下の3つです。

① 空けた稼働を新しい仕事で埋められる
② 空いた稼働分のメンバーを削られる
③ 新しい仕事を与えられ、さらにメンバーも削られる

　私自身も、自分の残業時間削減のために業務を自動化して空いた時間を作ったら、新しい仕事を入れられて結局残業しなければならない状態に陥ったことがあります。新しい仕事を受けることは悪いことではありませんが、何の評価もなく、コントロールもできない状態で受けるものではありません。

　不幸な未来を迎えないためにも、行っている運用改善を認知してもらい、改善結果をモニタリング可能な状態にして、改善業務自体を評価してもらわなければなりません。データを分析していくことで、改善後にどれぐらいの業務量が削減できるかを知ることができますし、その削減した稼働を使って次に何をするのかを宣言できるようになります。

　評価をしてもらったうえで新しい仕事を受け入れて、さらにそれを改善していくなら、改善業務が定着してより有意義な活動になっていくでしょう。

3.5 モニタリング項目の事前データを収集して処理する

改善のための アプローチ決定	測定すべき データと手法決定	データの収集／ 処理	情報とデータの 分析	情報の提示と 活用	改善活動の実践

　測定すべきデータが決まってきたら、改善前のデータを収集しておきましょう。改善を実施してしまうと、改善前のデータは取得できなくなるケースがほとんどです。**改善前後のデータ比較のために、事前データを収集しておくことは非常に重要です。**

　対象となるすべてのデータを集めて処理するのが理想的ですが、対象が膨大な場合はデータ収集だけで時間がかかってしまいます。まずは小さな範囲に限定して小さな成果を早く出す、スモールスタートとクイックウィンを心掛けることも重要です。

　この段階では、施策がどれほどの効果を出すかまだはっきりとはわかっていません。もしかしたら、何らかの問題が発生してまったく効果が出ない可能性もあります。その見極めをつけるためにも、まずは手堅く効果が出そうなところに絞ってデータを集めていきましょう。

3.5.1　サービスごとの運用項目一覧をマージする

　まずはサービスごとに分かれている運用項目一覧を 1 冊にマージして、全体としてモニタリングする項目がどれだけあるかを把握していきましょう。今回の例では、申請作業について集計していきます。

● 表　マージした運用項目一覧

> サービス名の列を足して、すべてのサービスの運用項目一覧をマージする

サービス名	運用分類	運用項目名	作業名	作業概要	担当者／役割分担		関連ドキュメント名		作業トリガー	作業頻度（月間）	作業工数（時間）
					サポートデスク	運用担当	フロー図	手順書			
A	業務運用	～～～	XXX	XXXX	●	▲	XXX	XXX	申請時	10	1.0
		～～～	XXX	XXXX	●	▲	XXX	XXX	申請時	20	0.5
	基盤運用	～～～	XXX	XXXX					第1営業日	1	6.0
		～～～	XXX	XXXX					半期	1	4.0
	運用管理	～～～	XXX	XXXX					随時	2	—
		～～～	XXX	XXXX	▲	●	XXX	XXX	随時	1	—
B	業務運用	～～～	申請B-1	XXXX	●	▲	XXX	XXX	申請時	20	2.0
		～～～	申請B-2	XXXX	●	▲	XXX	XXX	申請時	40	1.0
	基盤運用	～～～	XXX	XXXX	—	●	XXX	XXX	第1営業日	1	6.0
		～～～	XXX	XXXX	—	●	XXX	XXX	半期	1	4.0
	運用管理	～～～	XXX	XXXX	▲	●	XXX	XXX	随時	2	—
		～～～	XXX	XXXX	▲	●	XXX	XXX	随時	1	—
C	業務運用	～～～	申請C-1	XXXX	●	▲	XXX	XXX	申請時	200	0.5
		～～～	申請C-2	XXXX	●	▲	XXX	XXX	申請時	50	0.5
	基盤運用	～～～	XXX	XXXX	—	●	XXX	XXX	第1営業日	1	6.0
		～～～	XXX	XXXX	—	●	XXX	XXX	半期	1	4.0
	運用管理	～～～	XXX	XXXX	▲	●	XXX	XXX	随時	2	—
		～～～	XXX	XXXX	▲	●	XXX	XXX	随時	1	—

> 作業トリガーが「申請時」になっている項目をフィルターする

　マージした運用項目一覧の「作業トリガー」の「申請時」でフィルタリングすることによって、今回の対象となる申請業務を洗い出します。

▶表　申請業務だけフィルタリングした運用項目一覧

| サービス名 | 運用分類 | 運用項目名 | 作業名 | 作業概要 | 担当者／役割分担 | | 関連ドキュメント名 | | 作業トリガー | 作業頻度（月間） | 作業工数（時間） |
					サポートデスク	運用担当	フロー図	手順書			
A	業務運用	～～～	申請A-1	XXXX	●	▲	XXX	XXX	申請時	10	1.0
		～～～	申請A-2	XXXX	●	▲	XXX	XXX	申請時	20	0.5
B	業務運用	～～～	申請B-1	XXXX	●	▲	XXX	XXX	申請時	20	2.0
		～～～	申請B-2	XXXX	●	▲	XXX	XXX	申請時	40	1.0
C	業務運用	～～～	申請C-1	XXXX	●	▲	XXX	XXX	申請時	200	0.5
		～～～	申請C-2	XXXX	●	▲	XXX	XXX	申請時	50	0.5

　次に、運用項目一覧の作業頻度と作業工数が、現状に即した数値となっているかを確認しましょう。作業頻度や工数といった数値は、サービス導入時に運用体制検討のために概算として入れられ、そのままとなっていることがよくあります。施策実施前に現状の数値に更新して、効果を正確に把握することは非常に重要です。

　ユーザーとサポートデスクの間でチケット管理ツールを使っている場合は、管理ツールからデータを出力して解析します。チケット管理ツールを利用していない場合は、サポートデスクに依頼して現在の数値を出してもらいましょう。申請作業件数を記録できる仕組みがないなら、まずはツールを導入して作業量が把握できるようにする改善を検討してもよいかと思います。

　注意点としては、申請作業には 4 月や 10 月といった組織改編イベントに伴って数が大きく変動する作業があります。そういった作業がある場合は、より正確な数値を求めるために月間ではなく年間どれぐらい作業をしているかを把握する必要があります。

3.5.2　作業実態を把握して作業工数を算出していく

　モニタリング項目（ここでは申請作業件数）の集計が終わったら、実際に作業を行っている担当者へヒアリングを行い、作業実態を調査していきます。以下に

今回の施策におけるヒアリング内容の例を示します。

・年間の作業数がチケット管理ツールのデータと正しいか？（チケット管理ツールを通らない裏口申請作業がないか？）
・運用項目一覧に記載されている作業時間と現在実施している作業時間に乖離がないか？
・運用項目一覧に記載されている手順書を利用して作業しているか？（別途現場で使うように加工している手順書はないか？）
・作業時に再鑑者を入れて2人で作業しているものはどれか？
・手順書の中ですでに一部自動化済みや特別な工夫をしている箇所はないか？
・申請作業はどのようなタイミングで実施しているか？（申請書受理後すぐ？　1日分をまとめて作業？　1週間分をまとめて作業？）

　チケットのデータやヒアリング結果をもとに、運用項目一覧に列を追加してアップデートしていきます。その際、データの単位についても計算しやすいように変更しておきましょう。

▶ 表　申請作業にかかっている作業工数を算出

サービス名	運用分類	運用項目名	作業名	申請数（年間）	作業頻度（年間）	作業工数（分/1名）	再鑑者有無	申請作業人月	申請書内容確認人月	結果送付人月	申請処理合計人月	備考
A	業務運用	〜〜〜	申請A-1	112	112	45	ー	0.53	0.12	0.12	0.76	
		〜〜〜	申請A-2	500	260	30	ー	0.81	0.52	0.52	1.85	
B	業務運用	〜〜〜	申請B-1	229	229	45	ー	1.07	0.24	0.24	1.55	
		〜〜〜	申請B-2	64	54	120	●	1.35	0.07	0.07	1.48	作業がない週もある
C	業務運用	〜〜〜	申請C-1	2615	260	90	ー	2.44	2.72	2.72	7.89	すでに一部自動化済み
		〜〜〜	申請C-2	554	260	30	●	1.63	0.58	0.58	2.78	すでに一部自動化済み
										年間作業人月	16.31	
										月間作業人月（平均）	1.36	

※ 作業頻度：54 ＝週末にまとめて作業、260 ＝営業日 16 時までの申請を 17 時に作業、その他の数字＝受領時に作業
※ 再鑑者有無：「●」＝ 2 人作業で行う、「ー」＝ 1 人作業で行う

次にそれぞれの計算式を見ていきましょう。

申請作業人月

　対象の申請作業に年間どれぐらいの工数をかけているかを算出します。ここでは、1 ヵ月の平均稼働時間を 8 時間× 20 日＝ 160 時間として計算しています。

　作業頻度（年間）×作業工数（分／ 1 名）×再鑑者有無が「●」の場合は 2 倍
　÷ 60 分（分→時間に単位変換）÷ 160 時間（1 ヵ月の平均稼働時間）

申請書内容確認人月

　対象の申請書確認に年間どれぐらいの工数をかけているかを算出します。今回は 1 申請 10 分で計算していますが、実際はヒアリング結果を入力してください。

　申請数（年間）× 10 分（申請書確認）÷ 60 分（同上）÷ 160 時間（同上）

結果送付人月

　対象の申請作業結果送付に年間どれぐらいの工数をかけているかを算出します。今回は 1 申請 10 分で計算していますが、実際はヒアリング結果を入力してください。

　申請数（年間）× 10 分（結果返信）÷ 60 分（同上）÷ 160 時間（同上）

申請処理合計人月

　対象作業が年間どれぐらいの工数をかけているかを算出します。

　申請作業人月＋申請書内容確認人月＋結果送付人月

年間作業人月

　すべての申請作業の申請処理合計人月の合計。

月間作業人月（平均）

　年間作業人月を 12（1 年＝ 12 ヵ月）で割った数値。

　チケットデータの解析と作業者へのヒアリングの結果、3 つのサービスの申請作業で年間 16.3 人月、月間平均で 1.36 人月の稼働がかかっていることがわかりました。

　このデータから、ワークフローシステムで申請情報入力フォームを作成し、手順書をスクリプト化して申請トリガーで実行し、自動で結果を返す仕組みを作れば、月に約 1 人の稼働が空くという見積りができました。効果を実際に数字で表すことによって、この施策の効果がかなり高そうだ、ということが見えてきましたね。

　続いては、情報とデータの分析を行っていきましょう。

ここがポイント！

実際の数字が並ぶと、具体的にどれぐらい負荷がかかっているのかわかるようになりますね

3.6 情報とデータの分析を行う

| 改善のための
アプローチ決定 | 測定すべき
データと手法決定 | データの収集／
処理 | 情報とデータの
分析 | 情報の提示と
活用 | 改善活動の実践 |

　改善前のデータ収集と処理で、作業にかかっている時間は可視化されました。次に「本当に自動化で月に約 1 人の稼働が空くのか」について、もう少し詳しく確認していく必要があります。そのためには、まずは申請書と手順書の内容を確認していきましょう。

3.6.1　実際の申請書と手順書を確認していく

　確認を始める前に、運用で行われる作業について少し解説しておきます。運用作業はトリガー（インプット）に合わせた作業（プロセス）を実施して結果（アウトプット）を出す行為です。

▶ 図　運用作業の IPO 図（Input Process Output）

　改善アプローチが自動化である場合、**インプット情報が固定できること**、そして**作業が自動化できるぐらい単純であること**がカギとなります。申請書と手順書はその観点で確認していきます。

■申請書

　まずは、現在利用している申請書のインプット情報が固定されているかを確認します。処理の引数となる申請項目にフリーフォーマットがあると、そもそも自動化できない可能性が高くなります。どうしてもフリーフォーマットで記載せざるをえない項目が残ってしまう作業は、自動化に向いていないので自動化対象から外すしかありません。

　また、申請書チェックをワークフローシステムで実装できるかどうかも大切な確認項目です。チェック観点が複雑で、ワークフローシステムでチェックできない項目がある場合は、スクリプト側でチェック機能が実装できるかを検討します。スクリプト側でもチェックが難しい場合は、そういった項目で発生したエラーを許容できるのかなど、利用者やシステムに対する影響を鑑みた上で、自動化するかどうかを判断します。

■手順書

　手順書確認では、作業がシステムに与える影響度を考慮する必要があります。以下のような要素が含まれている作業は、システムへの影響度が高い場合が多いでしょう。

・作業失敗時にリストア作業を実施して復旧が必須（作業前のバックアップも必須）
・作業完了後に関連システムとの複雑な動作確認が必要
・大量のデータを削除する手順が含まれている

　自動化しても何かの拍子にミスは発生します。サーバーやPCの障害で処理が中断してしまう可能性はゼロではありません。また、人が作成したスクリプトには思わぬバグが潜んでいる可能性があります。システム影響度の高い作業でミスが発生した時に対応できる運用者がいないと、サービスレベルを著しく落としてしまいます。

　そのため、作業ミス発生時にサーバーに対するシステムリストアを必要とする作業や、データバックアップから復旧が求められる作業、または重要なデータを大量に削除する申請作業などは、自動化対応の優先度を下げたほうがよいでしょう。

3.6.2　自動化優先度を決定する

　申請書、手順書を確認した「申請書固定化」「申請書チェック」「作業ミス影響度」「自動化優先度」を運用項目一覧へ反映していきます。ここでは、申請情報の固定化、申請書のチェック自動化が可能で、作業ミス影響度の低い作業は自動化優先度が「高」となります。

● 表　自動化優先度を判断する

サービス名	運用分類	運用項目名	作業名	申請作業(人月)	申請書内容確認(人月)	結果送付(人月)	申請処理合計(人月)	申請書固定化	申請書チェック	作業ミス影響度	自動化優先度	備考
A	業務運用	〜〜〜	申請A-1	0.53	0.12	0.12	0.76	可	可	低	高	
		〜〜〜	申請A-2	0.81	0.52	0.52	1.85	可	可	低	高	
B	業務運用	〜〜〜	申請B-1	1.07	0.24	0.24	1.55	不可	不可	高	低	
		〜〜〜	申請B-2	1.35	0.07	0.07	1.48	可	不可	高	低	作業がない週もある
C	業務運用	〜〜〜	申請C-1	2.44	2.72	2.72	7.89	可	可	低	高	すでに一部自動化済み
		〜〜〜	申請C-2	1.63	0.58	0.58	2.78	不可	不可	低	低	すでに一部自動化済み

　今回の調査では、申請 A-1、申請 A-2、申請 C-1 が自動化優先度高となりました。中でも申請 C-1 は「申請処理合計人月」が 7.89 人月と高い数値なので、自動化実施時の効果が高い作業となります。スモールスタートとして運用改善の効果を見るためには、まずは申請 C-1 に対して申請作業の自動化を実施してみるのがよさそうです。データを収集・分析することによって、運用改善の効果を定量的に予想することができました。

ここがポイント！

効果の高そうな箇所を見つけ出せるのも、具体的な数字にしたおかげですね

3.6.3 申請業務自動化が運用体制に与える影響

申請情報と手順書の中身の確認が終わったところで、本題からは少し逸れますが、申請業務自動化が運用体制に与える一般的な影響について整理しておきましょう。

インシデントは発生源に近い一次対応で解決したほうが、リードタイムが短くなりユーザーの満足度は高くなります。一次対応で解決できないインシデントは、二次対応へエスカレーションされ運用担当者が対応します。そして運用担当者でも解決できないインシデントは、保守対応へとエスカレーションされます。

そのため、一次対応は作業トリガーが明確な定型作業が多い一方で、保守対応はトリガーが不明な非定型作業が多くなります。

◉図　運用体制における作業とリードタイムの関係

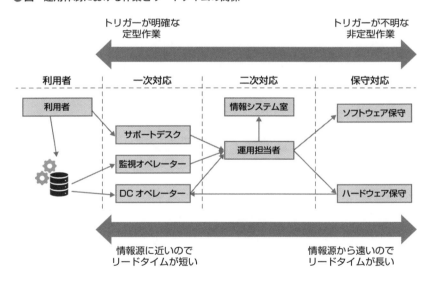

今回は施策の例として、ユーザーと一次対応の間に自動処理のワークフローシステムを入れることにします。作業者を介さなくなるため、リードタイムはこれまでよりも短くなりレスポンスは早くなります。インプット情報が固定化できて、作業が単純で、作業影響度が低いのであれば、監視オペレーターやDCオペレーターのような一次対応も何らかの手法で自動対応させることが可能です。

107

▶図　運用体制図上で申請作業自動化が導入される場所

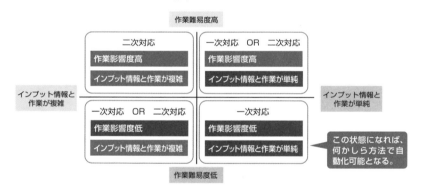

作業自動化が検討可能となる作業をまとめると以下のようになります。

▶図　作業自動化が検討可能となる作業

　監視オペレーターの一次対応などは自動化できるものが多いでしょう。監視ツールの多くは特定の条件でコマンドを発行したり、メールを発報する仕組みが搭載されています。作業実態の分析を行い、インプット情報が単純で作業影響度の低いアラートを特定できれば、これらの機能を使って対応を自動化することができます。この対応によって、監視作業者の負荷を下げるだけでなく、障害復旧時間を短縮して可用性を上げることができます。

　DCオペレーターの作業はランプチェックや機器の交換などの物理的な作業を伴うものが多いので、自動化するためにはセンサー技術などIT以外の技術が必要になるかもしれません。

　作業リスクを取り除いたり、インプット情報を単純化することで自動化できる
対象が広がります。「作業影響度」を下げるためには、設定変更、新しいツール
の導入、リスクの整理などが必要となります。「インプット情報と作業の単純化」
のためには、必要情報の整理、役割分担の再検討などが必要になります。今後の
運用者にはこういった自動化に関するスキルも求められるでしょう。

▶図　これからの運用者に求められる自動化に関するスキル

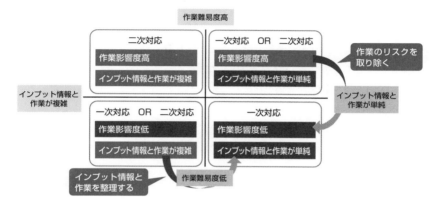

3.7 運用改善実施計画書の作り方

| 改善のための
アプローチ決定 | 測定すべき
データと手法決定 | データの収集／
処理 | 情報とデータの
分析 | 情報の提示と
活用 | 改善活動の実践 |

　情報とデータの分析を終えて、施策内容が固まり、効果を説明するための情報も集まってきました。次は 7 ステップの改善プロセスにおける「情報の提示と活用」に向けて、**実施計画書**を作成していく必要があります。実施計画書をもとに、上長や経営層といったステークホルダーへ運用改善内容を説明して、施策の方針などを合意していきます。

　本項で説明する大項目の内容と、合意事項をまとめると以下となります。

▶ 表　計画書の項目ごとの合意事項

大項目	報告事項	合意事項
前提	実施計画書作成における前提	調査内容、実施施策検討の前提を合意
目的	今回の計画実施の目的	組織として目的の認識に相違がないことを合意
サマリー報告	調査結果、実施施策概要	活動の全体方針に対する許可・承認
調査結果詳細	調査結果の詳細と施策検討の根拠	調査結果と根拠について確認
実施施策詳細	実施施策の詳細	施策実行許可

　段取り 8 割、仕事は 2 割と言われるぐらい準備は大切です。この実施計画書を作成することで、タスクとリスクの洗い出しを行います。タスクとリスクが正しく判明すればするほど、施策成功率は上がっていきます。

　また、運用改善を継続したいのであれば、経営層に計画書を事前に理解してもらい、必ず結果が評価につながるようにしておきましょう。

　それでは、実際に報告会のための実施計画書を作る流れを確認しながら「情報の提示と活用」について考えてみましょう。

ここがポイント！

わかりやすい計画書ができれば、もはや成功したようなものですね！

3.7.1　実施計画書の目次

　実施計画書の作成は、基本的に今まで行ってきた内容をまとめていく作業となります。以下の目次に従って説明していきます。施策内容によって目次は多少変わりますが、大きな流れは同じになるかと思いますので、他の施策を実施する場合も参考にしてください。

- はじめに
  - アジェンダ
  - 目的
  - 前提
- サマリー報告
  - 調査結果
  - 実施する施策の概要
  - 施策実行による効果
  - 実施にあたって必要となるコスト
  - 実施にあたって懸念となるリスク
  - 想定スケジュール
- 調査／検討内容　詳細説明
  - アプローチ検討方法
  - データ収集対象の決定
  - データの収集／処理、情報とデータの分析
- 施策内容　詳細説明
  - 申請書のワークフロー化
  - 手順書のスクリプト化
  - ワークフローとスクリプトの連携テスト

　・実際のデータでのテスト（先行利用期間）

　・完了判定・全社展開

　・他の申請の自動化対応

3.7.2　アジェンダ、目的、前提をまとめる

　まずは最初にアジェンダ、目的、前提を記載して、報告内容のイメージをつかんでもらいましょう。

■アジェンダ

　報告会全体概要とペース配分を記載したもの。60 分の報告会であれば、以下のような内容が記載されます。

・サマリー報告：10 分
・調査／検討内容、施策内容　詳細説明：30 分
・質疑応答：20 分

　このアジェンダを最初に載せておくことにより、報告会参加者がどのようなペース配分で会議に参加すればよいか準備することができます。また、経営層などへの報告を行う場合、急に予定が変更になったり承認者が 30 分しか参加できないなどの事態も想定されます。その場合はサマリー報告だけ行い、残りの時間は質疑応答にするなどの対応も可能になります。打ち合わせ前に参加者全員が会議のタイムスケジュールを把握しておくことは非常に大切です。

■目的

　この改善活動を行っている目的を記載します。細かい説明が始まると「そもそもこの活動って、どういう目的で実施しているんだっけ？」という質問を必ず受けます。運用改善チームメンバーは運用改善について毎日のように考えているので、無意識で目的が共有されているかもしれませんが、初見の人にもわかるようにしっかりと目的を宣言しておくことが大切です。その際、後述の 8 章で触れ

る「会社のビジョン」や「整合目標」から下方展開された目標であることも書き添えておくとよいでしょう。

　今回のような運用業務の自動化であれば、以下のような目標となるでしょう。

・[ガバナンスおよびマネジメントの目標] を達成するために、ユーザーの待ち時間を削減し満足度を向上させる
・[ガバナンスおよびマネジメントの目標] を達成するために、ヒューマンエラーによる作業ミスを軽減し安定稼働率を向上させる
・[ガバナンスおよびマネジメントの目標] を達成するために、サポートデスクの稼働を削減し新たな施策実現のための稼働を確保する

　目的を理解してもらってから内容を説明することで、参加者の理解はより深まることになります。計画書作成時には、目的と内容がずれていないかを何度もチェックしましょう。説明の途中で目的と内容が乖離していくと、説明を受ける側にも疑念が湧いてきて内容が入ってこなくなってしまいます。

■ 前提

　この実施計画書を作成する際に前提とした条件や、説明を受ける際に意識しておいてほしい情報があれば説明しておきます。代表的なものには以下を記載します。

・本資料で分析されたデータは YYYY/MM 時点のデータを利用しています
・本資料は●●部と△△部の共同で作成しています
・本資料は分析から施策立案までを対象として、実行体制については未着手となっています

　資料を説明した後の質疑応答でだれもが疑問に思うことがある場合は、初めに宣言しておくと説明が理解しやすくなるでしょう。参照した資料などがある場合も、前提にまとめておくとよいでしょう。

3.7.3　サマリー報告

運用改善の実施計画書は、さまざまな人に閲覧されるドキュメントです。他部署の人が参考で読むこともあるでしょうし、新しく来たメンバーが過去にどんな運用改善をしたかを確認するために読むこともあるでしょう。それらすべての人が、実施計画書の内容を丹念に読み解いてくれる人とは限りません。

さらに、意思決定をする経営層は時間のない人ばかりです。そのため、計画書の冒頭にこちらの伝えたいことをまとめたサマリー資料を配置します。

サマリー資料は、3 〜 5 スライドぐらいで以下の内容を盛り込みます。

① 調査結果
② 実施する施策の概要
③ 施策実施による効果
④ 実施にあたって必要となるコスト
⑤ 実施にあたって想定されるリスク
⑥ 想定スケジュール

ひとつずつ詳しく見てみましょう。

■①調査結果

サマリーでは「調査方法」「調査対象」「調査結果」の 3 点を伝えます。もともと想定していた以上の課題が見つかっている場合もあると思いますが、それは後ほどの詳細スライドで説明するとして、ここでは次の実施施策につながる内容だけを簡潔にまとめておきます。

今回であれば、以下のような内容になります。

・調査方法
　運用項目一覧、申請書内容、手順書内容の確認と作業者へのヒアリング
・調査対象
　A サービス、B サービス、C サービスの申請作業
・調査結果
　年間 10.5 月程度の作業が自動化可能

● 表 本施策による削減予定工数

サービス名	運用分類	運用項目名	作業名	申請作業人月	申請書内容確認人月	結果送付人月	申請処理合計人月	申請書固定化	申請書チェック	作業ミス影響度	自動化優先度	備考
A	業務運用	～～～	申請A-1	0.53	0.12	0.12	0.76	可	可	低	高	
		～～～	申請A-2	0.81	0.52	0.52	1.85	可	可	低	高	
B	業務運用	～～～	申請B-1	1.07	0.24	0.24	1.55	不可	不可	高	低	
		～～～	申請B-2	1.35	0.07	0.07	1.48	可	不可	高	低	作業がない週もある
C	業務運用	～～～	申請C-1	2.44	2.72	2.72	7.89	可	可	低	高	すでに一部自動化済み
		～～～	申請C-2	1.63	0.58	0.58	2.78	不可	不可	低	低	すでに一部自動化済み
						削減予定工数	10.50					

※ 網掛け箇所が自動化対象作業の工数

　年間 10.5 人月という数字は「自動化優先度」が「高」となっている申請A-1、申請 A-2、申請 C-1 の「申請処理合計人月」の合計になります。調査結果に具体的な数字を入れることで、しっかりと調査していることをアピールすることができます。その数字が有効な数字であればあるほど、このあとの施策に対する興味を惹くことができます。サマリーに記載する内容は数字を意識しましょう。

■②実施する施策の概要

　施策の概要が運用改善アプローチで検討した内容と変わっていなければ、その時に検討した内容を記載します。今回のケースでは変更はありませんでしたが、調査や分析している途中でもともと予想していた施策に変更が入ることはよくあります。想定と施策内容が変わっても、それは実際のデータに基づいてより現実化されたということですので、あまり気にする必要はありません。

　今回であれば、以下のような内容になります。

・実施概要

申請書作業の手順書をスクリプト化して、ワークフローシステムから自動実行させる（申請業務の自動化）

▶図　申請業務の自動化

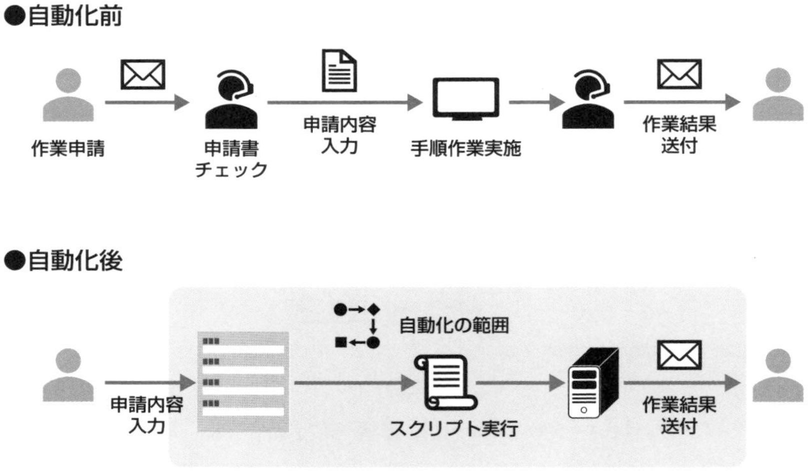

■③施策実施による効果

サマリーでは、施策実施による効果をできるだけ数字を入れた具体的な結果として伝えます。アプローチ検討時では定性的だった「想定される効果」に対して、調査、分析結果をふまえて算出した数字を組み入れて定量的な効果にアップデートすると良いでしょう。具体的な数字を組み入れることにより、より効果を実感することができるようになります。

今回であれば、以下のような内容になります。

アプローチ検討時点の想定される効果

・ワークフローシステムでの申請情報入力による申請書内容チェックの自動化、オペレーションミスの軽減

・スクリプト化した手順書の自動実行による作業スピード向上、オペレーションミスの軽減

・申請業務の自動化により作業工数削減、ユーザーへのリードタイムの削減

サマリーに記載する「施策実施による効果」
・ワークフローシステムでの申請情報入力による該当作業の申請書内容チェックの100%自動化、および自動化によるチェック漏れの軽減
・スクリプト化した手順書の自動実行で該当作業の100%自動化による作業スピード向上、オペレーションミスの軽減
・自動化により該当作業の工数を95%以上削減し、ユーザーへのリードタイムを即日対応とする

■④実施にあたって必要となるコスト

　効果を得るためには支払うコストが必要となります。施策が資本生産性を上げるものであれば、ツールを入れ替えるコストが必要になります。労働生産性の場合は、施策実施のために稼働が必要になります。ワークフローシステムの申請画面作成や自動化に専門家を呼びたい場合は、そこで外注コストがかかるでしょう。

　観点としては、運用改善によって改善される価値よりも支払うコストが大きく上回ってしまったら実施する意味がありません。今回であれば年間10.5人月程度のサポートデスクの稼働削減が見込めそうなので、それを下回るコストで実現できるのであれば、その他のオペレーションミス軽減、リードタイム短縮も含めると価値が出ると言えるでしょう。

▶図　実施に必要なコストの考え方（例）

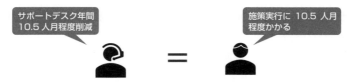

サポートデスク年間
10.5人月程度削減

施策実行に10.5人月
程度かかる

**削減コストと導入コスト同程度であれば2年目からペイできる
さらに、ミス軽減とリードタイム削減の効果が付いてくる**

　実施効果の数字はコスト算出の前提になるので、数字の根拠についてはステップ3〜5のデータ収集から情報の分析でしつこく行う必要があります。想定可

能な項目を高い確度で予測しておくことが、不確定要素を少なくして全体のリスクを下げることになります。

　実際の改善に必要な工数に関しては、「⑥想定スケジュール」にてマスタースケジュールのタスクごとにどれぐらいの工数がかかりそうかを一緒に検討していきます。

■⑤実施にあたって想定されるリスク

　運用改善はやり方や仕組みを変えるため、何かしらのリスクが発生する可能性があります。事前にリスクを洗い出して、会社としてそのリスクが許容できるのかを判断しておくことは大切です。想定リスクを記載する際は、現時点での想定している対策も記載しておきましょう。経営層がリスクと対策を把握して GO サインを出せば、施策を進めていってリスクが顕著化した場合にも、フォローしてもらえる可能性が高くなります。

　今回であれば、以下のようなリスクが考えられます。

・**リスク①**：ワークフローシステムのデータチェックや手順書のスクリプト化がうまくいかずに自動化が実現できない
・**対策①**：スモールスタート／クイックウィンを心掛け、先行して 1 つの申請作業を実施し、十分に効果が発揮できることを確認するチェックポイントを設置する。効果が発揮できない場合はそのタイミングで施策の練り直しも選択に含める
・**リスク②**：外部ベンダーを入れた場合、ワークフローシステムとスクリプトの知見が運用チームにスキルトランスファーされず、継続した申請書自動化対応が自社メンバーでできない可能性がある
・**対策②**：施策実行体制は外部ベンダーと自社メンバーを分けずに混成チームとし、改善実施時から OJT として積極的にスキルトランスファーを実施する

■⑥想定スケジュール

　最後にどれぐらいの期間がかかるか、スケジュールを提示する必要があります。ここでのスケジュールは概算でよいので、1 ヵ月ぐらいの単位で記載しておきましょう。

　もし実施する時期がまだ決まっていないなら相対スケジュールで記載しておくのがよいでしょう。今回だと3つの申請作業を7ヵ月で実施するとして、図のような想定スケジュールになりました。

　また、各タスクにどれぐらいの工数が必要かも合わせて検討し、「④実施にあたって必要となるコスト」も明確にしていきましょう。

▶図　想定マスタースケジュール

#	タスク	スケジュール							改善活動工数		
		1ヵ月目	2ヵ月目	3ヵ月目	4ヵ月目	5ヵ月目	6ヵ月目	7ヵ月目	リーダー	メンバーA	メンバーB
	マイルストーン				★本番環境実施判定 ★全社展開判定			★効果測定報告			
1	申請 C-1　申請書のワークフロー化（単体テスト込み）								0.20	1.50	1.50
2	申請 C-1　手順書のスクリプト化（単体テスト込み）								0.20	0.50	0.50
3	ワークフローとスクリプトの連携テスト								0.20	0.50	0.50
4	本番環境のデータでのテスト（先行利用期間）								0.10	0.25	0.25
5	申請 C-1　完了判定・全社展開								0.20	0.25	0.25
6	申請 A-1　自動化対応								0.20	0.50	0.50
7	申請 A-2　自動化対応								0.20	0.50	0.50
8	効果測定								0.20	0.50	0.50
									1.5	4.5	4.5
										合計	10.5

　#1「申請 C-1　申請書のワークフロー化」、#2「申請 C-1　手順書のスクリプト化」は初回作業であるため、トラブルが発生して作業が止まってしまい、問い合わせや調査が発生することが想定されます。そういった場合は、バッファも込みで少し長めの予定を取っておきます。

　#3「ワークフローとスクリプトの連携テスト」のあとに「★本番環境実施判定」を行います。自動化があまりうまくいかず、工数削減やオペレーションミスの軽減の効果が期待していたほど出ていないといった場合は、このタイミングで方向修正や中止を判断することになります。#4「本番環境のデータでのテスト（先行利用期間）」では、実際の本番データでも同じ結果となるかを確認していきます。

　本番環境では、往々にして検証環境で予想できなかったバグやトラブルが発生します。先行利用期間は利用先を限定したうえで、すぐに今までのやり方に切り戻せる状態を作っておきましょう。唐突な切り戻しなどに対応してもらわなければならないため、先行利用してもらう組織は IT に理解のある人や部署を選定するとよいでしょう。

　先行利用で問題がなければ、「★全社展開判定」を行い全社展開となります。# 5「申請 C-1　完了判定・全社展開」で問題なく申請作業の自動化が完成すれば、# 6「申請 A-1　自動化対応」、# 7「申請 A-2　自動化対応」は同様の対応を実施することになります。ここまで無事に進めば、すでに手順は確立されてテスト項目も固まっているため、# 6、# 7 は 1 ヵ月で 1 申請作業を対応するスケジュールにしてあります。

　最後に # 8「効果測定」を行います。せっかく事前にデータを収集しているのに、実施後の結果データ収集をやらない理由はありません。「★効果測定報告」で運用改善の結果を経営層に報告し、効果を実感してもらい今後も活動の味方になってもらうのは重要です。

　これでサマリー報告は完成です。次に調査結果の詳細の説明をしていきましょう。

ここがポイント！

「効果」と「スケジュール」と「コスト」が伝われば、サマリー報告としてはバッチリです！

3.7.4　検討内容詳細説明

　この項目では調査結果を詳しく記載していきます。

　実際に検討した内容を時系列で記載していくのがよいでしょう。

▶図　詳細説明で記載する範囲

　ステップは 4 つですが、「改善のためのアプローチ検討方法」「施策の有効性確認方法」「データの収集・処理、分析内容」の 3 つにまとめて報告を実施します。

■改善のためのアプローチ検討方法

　ここでは改善のためのアプローチをどのように決定したのかを記載していきます。

事業体の達成目標や現場課題感

　まずは、今回の改善アプローチ選定理由を共有しておきましょう。

　具体的には施策検討時に考慮した事業体の達成目標や、現場課題感などを伝えておきます。

ほかに検討した改善アプローチの共有

　報告を受ける側の人間としては「ほかにもっと良い施策がなかったのか？」と考えを巡らせがちです。それ自体は悪いことではありませんが、分析まで終わっている段階で、すでに結果が出そうな有効な施策があるのにもかかわらず、「ほかにもっと良い施策があるかもしれないから、その観点で再調査せよ！」とちゃぶ台をひっくり返されることは避けたいものです。

　そうならないためには、複数の案から今回の施策を選定していますとアピールしておく必要があります。

　プレゼンには「3」の法則というものがあり、検討したアプローチも 3 つ用意しておくとよいでしょう。3 つの内容というのは、人間が記憶し比較するのにちょうどよい数字だと言われています。4 つだとすべての内容を覚えておくことができずに混乱が生じ、2 つだと比較対象として少ないイメージを与えてしまいます。

　今回であれば事前に「申請業務の自動化」と「ワークフローの統合」を検討していたので、もう 1 つ「セキュリティ対策の強化」を検討していたということにして、3 つの施策から選択したことにします。小手先のテクニックになりますが、すでに実行したい施策が決まっている場合は、当て馬的なボツ施策を提示するのも経営層を説得するためのひとつの有効な手段となります。

121

●図　3 つの案から検討したことを明記しておく

■施策の有効性確認方法

　施策の有効性を確認するために行った方法と、収集した情報を記載します。今回は 3.5.2 と 3.6.1 で実施したドキュメント確認と作業者へのヒアリングの内容についてそれぞれ記載しておきます。

ドキュメント確認の実施内容

・運用項目一覧をマージし、チケットデータやヒアリングから申請書作業で実施している工数を算出
・申請書を確認し、ワークフローで入力画面作成、チェック機能実装がしやすい申請作業を選別
・手順書を確認し、スクリプト化しやすい申請作業を選別

作業者へのヒアリング

・例外作業の確認
・手順書の正当性
・再鑑者を入れた作業の確認
・すでに自動化されている作業の確認
・申請書受け取りから結果報告までの平均リードタイム

■データの収集・処理、分析内容

　施策決定に至る根拠を示すパートになります。これまでに調査してきた過程と結果をまとめていきましょう。このパートは多少長くなっても問題ありません。基本的にはサマリーで示した効果や施策の根拠となる分析結果を載せていきます。実施計画書には結果を記載して、データ分析を行った表計算ファイルなどは

別紙として参照する形がよいでしょう。計画書には、グラフや表などを利用して、納得しやすい数字が多いものを載せるとよいでしょう。

▶表　作業人月積算（例）

サービス名	運用分類	運用項目名	作業名	申請数（年間）	作業頻度（年間）	作業工数分／1名	再鑑者有無	申請作業人月	申請書内容確認人月	結果送付人月	申請処理合計人月	備考
Aサービス	業務運用	〜〜〜	申請A-1	112	112	45	−	0.53	0.12	0.12	0.76	
		〜〜〜	申請A-2	500	260	30	−	0.81	0.52	0.52	1.85	
Bサービス	業務運用	〜〜〜	申請B-1	229	229	45	−	1.07	0.24	0.24	1.55	
		〜〜〜	申請B-2	64	54	120	●	1.35	0.07	0.07	1.48	作業がない週もある
Cサービス	業務運用	〜〜〜	申請C-1	2615	260	90	−	2.44	2.72	2.72	7.89	すでに一部自動化済み
		〜〜〜	申請C-2	554	260	30	●	1.63	0.58	0.58	2.78	すでに一部自動化済み
										年間作業人月	16.31	
										月間作業人月（平均）	1.36	

▶図　申請処理合計人月の割合（例）

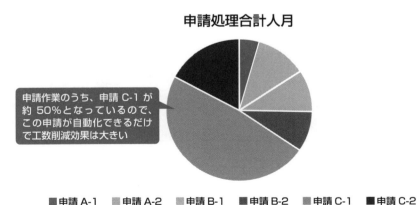

申請処理合計人月

申請作業のうち、申請 C-1 が約 50％となっているので、この申請が自動化できるだけで工数削減効果は大きい

■申請 A-1　■申請 A-2　■申請 B-1　■申請 B-2　■申請 C-1　■申請 C-2

3.7.5　実施施策詳細

実際にどのような施策を実施するかを説明するパートです。実施施策詳細の概要は前半のサマリーで説明しているので、ここではマスタースケジュールのタスクについて説明していくことになります。この段階で、マスタースケジュールのタスクよりも粒度の細かい作業レベルに分解した **WBS**（Work Breakdown Structure）を作成しておきましょう。WBS 作成では、マスタースケジュールの大きなタスクに含まれている作業を洗い出していき、1 人の担当が 1 日〜 1 週間以内で対応できるぐらいの単位を目指して分解していきます。

計画書説明の段階である程度タスクの細分化できていないと、施策のリスクや注意点、スケジュールのクリティカルパスなどがわからないため、経営層に説明した際に質疑応答で答えられない事態に陥ります。

▶図　マスタースケジュール

#	タスク	1ヵ月目	2ヵ月目	3ヵ月目	4ヵ月目	5ヵ月目	6ヵ月目	7ヵ月目
1	申請 C-1　申請書のワークフロー化（単体テスト込み）	■	▶					
2	申請 C-1　手順書のスクリプト化（単体テスト込み）	■	▶					
3	ワークフローとスクリプトの連携テスト			▶				
4	実際のデータでのテスト（先行利用期間）				▶			
5	申請 C-1　完了判定・全社展開					▶		
6	申請 A-1　自動化対応					▶		
7	申請 A-2　自動化対応						▶	
8	効果測定							▶

本節では、#1 〜 #3 の施策を実施していく過程を具体的に解説し、その過程でどのようなタスクやリスクが発生するかを確認していきます。

■申請書のワークフロー化

　申請書のワークフロー化には、すでに導入されているワークフローシステムを使ったり、クラウドサービスのワークフローを利用したり、昨今では Microsoft 365 の PowerPlatform などのローコード開発プラットフォーム（LCDP；Low-Code Development Platform）でも作成可能であったり、かなり幅広い選択肢があります。

　どんなツールであれ、最近のソフトウェアであれば学習コストは少なく導入も短期間で可能かと思います。申請書の項目に合わせた画面設計をすることも重要ですが、サポートデスクで行っていた目視チェックを機能として実装できるのか、といった観点も大切になります。

　ここで必要となる作業を書き出してみましょう。

① 申請画面の実装
② 目視チェック項目のヒアリングとリスト化（テスト項目化）
③ 目視チェック項目の実装
④ 申請画面のテスト

　この段階では「申請画面の実装」と「目視チェック項目の実装」の 2 点で問題が発生するリスクがあります。

申請画面の実装がどうしてもできない項目がある

　項目の見直しなどで回避できない場合は、ツールを変えるか実装を諦めるしかありません。実装できないことを許容する場合は、このタイミングで申請画面は諦めてサポートデスクで今までどおり実施するという選択肢も視野に含めておきます。

▶ 図　実装不可の場合とその代替案

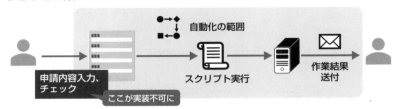

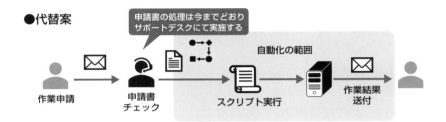

　大規模なシステム開発ではなく運用改善なので、リスクを負って完遂するより
も常に安全な選択を選ぶ方針とすることも可能です。ただし、安全優先で実施す
る方針であることは、計画書に記載して周知しておいたほうがよいでしょう。

目視チェックが実装できない事象が発生する

　申請画面は実装できても、すべてのチェック機能が実装できない可能性があり
ます。その場合、スクリプト内でチェックを実行するか、申請入力後に実装でき
なかった目視チェックをサポートデスクで行うという 2 つの対策が考えられま
す。

▶図 対策1：スクリプト内にチェック機能を追加

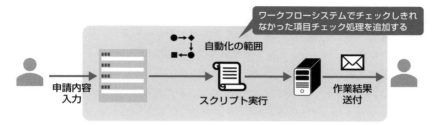

▶図 対策2：申請書の目視チェックを入れる

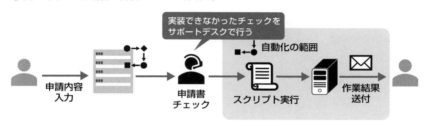

　スクリプト内にチェック機能を追加したほうが、人間が介在しないのでヒューマンエラー抑止の観点からはよいでしょう。ただし、ワークフローシステムのアップデートなどで今後チェック機能の実装予定があるなど、問題に解決の見込みがある時はツールではなく一時的にサポートデスクで対応しておいたほうがよい場合もあります。近々チェックが可能になるのにスクリプトで実装してしまうと、機能リリースされた後にチェック機能の実装とスクリプトの改修も行わなければならないため二度手間になります。特にクラウドサービスを利用している場合は頻繁に機能追加が行われるので、機能実装予定は定期的にサポートに確認するようにしましょう。

■手順書のスクリプト化

　手順書を自動実行させる仕組みには、スクリプト以外にも LCDP や RPA（Robotic Process Automation）など複数の選択肢があります。それらは手段なので、自動化が実現できればどれを選択してもよいかと思います。

　ただ、個人的にはできる限りコードで自動化することをお勧めします。正確さ

と処理速度は、RPA よりもスクリプトや LCDP に軍配が上がります。運用者だからプログラミングができなくてもよいという時代はいずれ終わります。シェルスクリプトでも PowerShell でも VBA でもなんでもよいので、まずは参考書などをもとに動くプログラムを作ってみるなど、最低限のプログラミングスキルは会得しておきましょう。

　今回はスクリプトで手順書を自動化する場合の作業を洗い出してみましょう。

・方法（スクリプト言語）の選定
・手順をすべてコマンドにする
・エラーハンドリングの検討（テスト項目化）
・スクリプト作成
・スクリプトのテスト

スクリプト言語の選定

　Windows であれば PowerShell、Linux であればシュルスクリプトが一般的ですが、対象に対して外部からコマンド操作できるなら何でもよいと思います。あまりにマニアックな言語を選定してしまうと、インターネットで情報が収集できなかったり、参考書がなかったりとスキル習得のコストが高くなるので注意が必要です。

手順をすべてコマンドにする

　手順書に画面操作がある場合は、それをすべて CLI（Command Line Interface）からコマンドで実行できるように変換します。最近のサービスであれば、ほとんどすべての操作にコマンド実行できる API（Application Programming Interface）が実装されていると思います。もしここでどうしても GUI（Graphical User Interface）で画面操作をしなければならない場合は、RPA という選択肢も検討します。ただし、GUI だと管理画面の変更に影響を受けてしまいますので、できる限り CLI でコマンド実行する方法を探しましょう。

▶図　GUIとCLIでの操作

●GUIからシステムを操作

マウスを使う操作だと画面構成を
変更した場合に影響を受けやすい

GUI

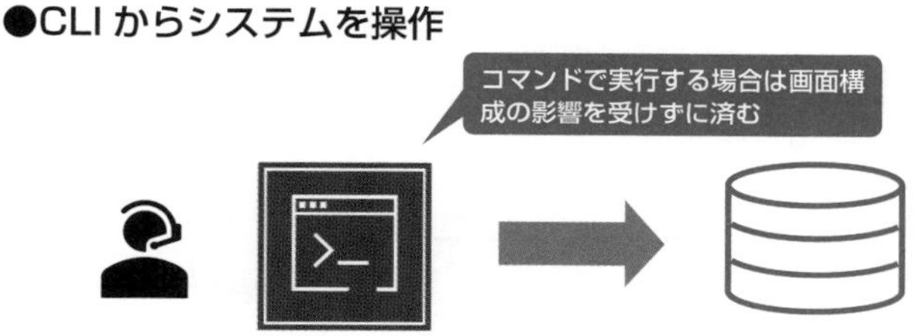

●CLIからシステムを操作

コマンドで実行する場合は画面構
成の影響を受けずに済む

　すべての手順がCLIからコマンドで実行できるようになれば、スクリプト化の半分以上が終わったようなものです。

エラーハンドリングの検討（テスト項目化）

　スクリプトがもし何かのトラブルで止まってしまった場合、処理の失敗を検知しなければなりません。処理のリカバリをするために、どこで処理が止まってしまったかという情報をログファイルとして出力しておきます。そのためのエラーハンドリング処理の検討を行います。

　今回のスクリプトの処理フロー図が以下のようになっていたとします。なお、エラーハンドリングの実装については、インターネット上にさまざまな情報があると思いますのでここでは割愛します。

● 図　スクリプトの処理フロー（例）

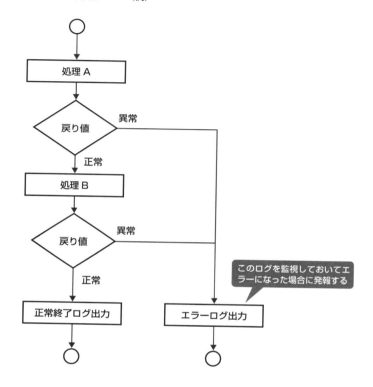

　エラーログ出力の処理へ送る際に、処理 A か処理 B かどちらで処理が止まったかわかるようにしておきます。また、エラーログを監視ツールで監視しておくことによって完全自動実行になった場合にも処理落ちを検知することができるようになります。ここで検討したエラーパターンがスクリプトテスト項目となります。

スクリプト作成
　手順のコマンド化とエラーハンドリングができていれば、スクリプト作成はそれほど難しくありません。基本的には手順通りに処理を並べていき、申請データを引数として実行できるようにしましょう。

スクリプトのテスト

　スクリプトのテストは分岐網羅テストを実施すればよいでしょう。実施計画書には分岐網羅テストを実施する旨のみ書いておけばよいですが、実際に施策を実施する場合は単体テスト仕様書を作成します。

　先ほどのサンプルフローで、スクリプトのテスト仕様書の書き方を説明しておきましょう。分岐網羅テストは、スクリプト内のすべての分岐を必ず1回は実行するテストになります。今回のサンプル処理フロー図では3パターンとなり、テスト項目表は以下のようになります。

▶図　処理フローからテスト項目を洗い出す。

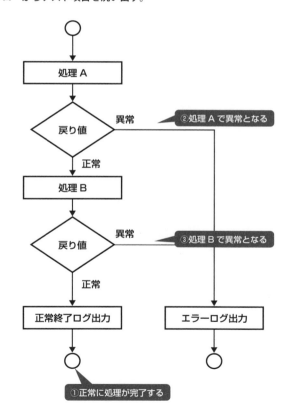

◉ 表　テスト項目一覧（例）

#	分類	テスト項目	確認項目	実施結果	実施者	実施日
1	正常系	正常終了してログが出力される。	・ツール実行の戻り値 ・正常終了ログ出力			
2	異常系	処理 A で異常終了してログが出力される。	・ツール実行の戻り値 ・異常終了ログ出力			
3		処理 B で異常終了してログが出力される。	・ツール実行の戻り値 ・異常終了ログ出力			

　今後何百回、何千回と実行されることになるスクリプトですので、テストはしっかりと実施しておきましょう。

■ ワークフローとスクリプトの連携テスト

　申請画面とスクリプトができたら、ワークフロー全体でテストします。ワークフローの処理としては、以下の 3 つとなります。

・申請情報を入力／チェックして、スクリプトへ引き渡す
・申請情報を引数にスクリプトを実行する
・実行結果をユーザーへメールで送信する

◉ 図　連携テストの範囲

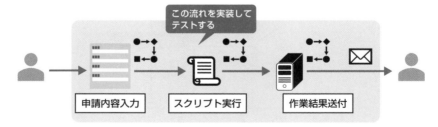

　連携テストでもっとも気にしなければいけないことは、異常が発生した際の挙動です。処理が途中で停止してしまった場合に、それを発見するための監視の仕組みが必要になります。

　ワークフローシステムでエラー通知できる機能があれば、そちらを利用しましょう。もしエラー通知できないようであれば、実行結果のログファイルを監視

して、エラーログ出力時に発報する仕組みを入れておく必要があります。基本的にはスクリプトテストと同じ考え方になりますが、正常に終了した場合とあわせて、処理が途中で止まってしまった場合にエラー通知が確実に通報されるかどうかまでテスト範囲に入るということは意識しておきましょう。

■実際のデータでのテスト（先行利用期間）

　実際のデータを使わないと出てこないエラーはあります。実施計画書には、どのように実際のデータを利用してテストを実施するかを明記しておきましょう。

　実際のデータの使い方には、以下の方法があります。

① 検証環境で過去の実データを利用してテストを実施

　　本番環境とまったく同じ検証環境がある場合はこちらの方法を利用するとよい。本番環境と前提が違う環境で実施すると、このテストは意味がなくなってしまうので注意が必要

② 特定の部署に協力してもらってテストを実施

　　IT に理解のある部署に協力を依頼して、実際にテストを実施する。エラーが発生した場合のリカバリプランなどを説明しておいて、何かあった場合に手動で復旧するなどを事前に合意しておくとよい

③ 一定期間を決めて実際のデータでテストを実施

　　「2021/03/22 08:00 ～ 2021/03/26 18:00 までは新しい仕組みで処理を実施する」というように、期間を区切ってテストを実施する。その期間は開発を行ったメンバーが張り付いて処理結果の確認やエラーが発生した場合の対応などを行う

　実際にどのような方法で実機テストを行ったほうがよいかは、処理の内容によります。新規データ登録のような作業であれば、本番影響が少ない①がよいですが、既存のステータスを変更するような作業の場合は検証環境だと元データが異なるためあまり意味のあるテストができません。

　ケースによって①～③を使い分けるようにしましょう。

■完了判定・全社展開

　完了判定の内容、および全社展開の際の注意点についても簡単に触れておきま

す。

　完了判定では、だれがテスト結果を判定するかを明確にしておきます。全社展開については、判定結果が出てからのおおまかなスケジュールと展開方法をあらかじめ決めておくとよいでしょう。

　展開方法については、順次展開と一斉展開があります。何か特別な理由がない限りは一斉展開でよいと思いますが、部署ごとに申請方法変更による説明が必要であったり、会社がグローバル展開していてサポートデスクが複数に分かれている、などの場合は順次展開を検討します。

■他の申請の自動化対応

　先行着手した作業（ここでは申請 C-1）が一式完了したら、他の申請作業の自動化にも着手していきましょう。ワークフローシステムのカスタマイズ方法、スクリプト作成のコーディング規約、テスト項目の作成方法、各種調整などは一度実施しているので、2 つ目以降は基本的に申請 C-1 の作業自動化方法を踏襲して進めていきます。

　今回のスケジュールでは 1 ヵ月ごとでスケジュールをひいていますが、実装の懸念点の洗い出しは終わっているので、これ以降は 2 つ一気に進めてしまうスケジュールでもよいでしょう。

▶図　1 つずつリリースするスケジュール

#	タスク	1ヵ月目	2ヵ月目	3ヵ月目	4ヵ月目	5ヵ月目	6ヵ月目	7ヵ月目
6	申請 A-1　自動化対応					▶		
7	申請 A-2　自動化対応						▶	

▶図　2 つ同時にリリースするスケジュール

#	タスク	1ヵ月目	2ヵ月目	3ヵ月目	4ヵ月目	5ヵ月目	6ヵ月目	7ヵ月目
6	申請 A-1　自動化対応					▶		
7	申請 A-2　自動化対応					▶		

3.8 改善活動の実践

改善のための アプローチ決定	測定すべき データと手法決定	データの収集／ 処理	情報とデータの 分析	情報の提示と 活用	改善活動の実践

最後に、実施中に注意する点と実施後にやるべきことについて解説します。

3.8.1 実施中に注意する点

■評価者に対して定期的に報告する

人間の記憶と興味は持続しません。評価者が経営層の場合は忙しいので、1回だけ聞いた施策内容やスケジュールを覚えておくのは困難です。計画書の説明を受けた時は理解してもらったとしても、半年も経てば「そういえば、何やってたんだっけ？」と初めから説明しなければならない可能性が高まります。そのため、施策の評価者とは最低でも月に1回は進捗報告の場を持ちましょう。その際に障害となっていることやリスクを共有しておけば、経営層でしかできないアプローチで解決策を提示してもらえる可能性もあります。

■施策を修正する、中止する勇気を持つ

改善活動を実施しているとさまざまなトラブルに巻き込まれます。すべてがうまくいく確率のほうが少ないでしょう。そうなった時に当初の予定を修正したり、必要に応じて中止する勇気を持つことも大切です。軌道修正のチェックポイントや判断基準を決めて、企画書に盛り込んで周知しておくとよいでしょう。

運用改善活動は、システム導入プロジェクトやシステム更改プロジェクトなどと違って、現在の運用をよりよくする活動です。活動を停止させても実害は出ないので、目測を誤っていたり、予定よりも稼働がかかってしまいそうな場合は、内容や期間をチューニングしていくべきです。不確定要素の強い改善活動で問題

が発生した場合、簡単ではなかったということが理解できたり、どうしても超えられない障壁があるとわかっただけでも収穫だと思う必要があります。それを糧に新たな計画を立てて、改善活動を継続していくことが大切です。

　また、施策の修正や中止の可能性を報告する場としても、定期報告の場は準備しておいたほうがよいでしょう。

3.8.2　施策実施後にやること

■効果測定を行う

　効果測定なくして、改善活動の意義を測ることはできません。可能ならば事前に行った分析と同じ方法で計測を行って差分を抽出します。もし効果が思ったよりも出なかったとしても、データは正確に測定するべきです。失敗は成功の母という言葉があるとおり、欠点を正確に把握して改善していくこと自体が改善活動であるともいえます。

■振り返りを行う

　改善活動にかかわらず、何かキリの良いところで必ず振り返りをするようにしましょう。振り返りの手法もいろいろとありますが、KPT（Keep・Problem・Try）法がおすすめです。

　KPT では、下記のような 3 つの要素に分けて現状分析を行います。

・Keep：良かった点（今後も続けること）
・Problem：悪かった点（改善する箇所）
・Try：次に挑戦すること

　参加メンバーには事前に個人として、またはチームの対応として良かった点と悪かった点を 2 〜 3 個考えてきてもらいます。集まったメンバーに順番に良かった点と悪かった点を挙げていってもらい、表にまとめていきます。指摘箇所がほかのメンバーと被ったりしても気にすることはありません。また、継続ポイントや問題点の内容が小さなことでも大きなことでも、扱いの差をつけないように意識しましょう。多くのメンバーが共通で思ったことや、特定のメンバーが感じて

いたことを可視化して共有することが大切です。

Keep と Problem の可視化が終わったら Try を考えていきます。Try の考え方は以下となります。

・Keep をより良くする方法を考える
・Problem を解決する方法を考える

いくつかの Try が出てきたら、Try に優先度をつけて改善策を実施する順番を明確にします。Try 実施も業務として扱い、しっかりとした対応スケジュールを組んで、改善策を実施するメンバーにはチームで時間を確保し集中して対応できるようにしましょう。

実施方法は通常は対面でホワイトボードにふせんを貼っていく形で実施しますが、リモート開催の場合はホワイトボードのアプリを使ったり、Excel のような表計算ソフトで実施することもできます。

▶図　ホワイトボードで実施する場合

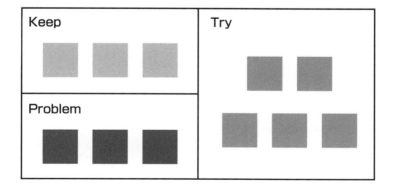

▶表　表計算ソフトで実施する場合

分類	発言者	内容	Try
Keep	A さん	経理部の●●さんが分析面でフォローしてくれた	他部署にも改善内容を事前に周知しておく
Keep	B さん、C さん	スケジュールの遅延がなく実施できた	—
Keep	D さん、A さん	自動化に関するスキルが付いた	—
Keep	C さん	方針を変えるときに事前に▲▲さんに相談しておいたのでスムーズにいった	週次のチェックリストで方針変更があるかチェックする
Problem	B さん、D さん	ツールに想定外の仕様があって調査に時間がかかった	—
Problem	全員	通常業務の繁忙期と重なり残業が増えた	スケジュール策定時に繁忙期を意識する
Problem	D さん、A さん	立ち上がり時にチーム外とのコミュニケーションロスが多かった	改善活動開始時に関係者を含んだチャットグループを作る
Problem	全員	序盤からチャットツールを入れておけばよかった	同上

ここがポイント！

短い時間でも関係者を集めて振り返りをすると、得るものがたくさんありますよね

3.9 まとめ

3章を通して実際に運用改善の進め方を説明していきました。
最後に3章のキーメッセージをまとめておきましょう。

・運用改善は準備が8割
・改善のアプローチは「資本生産性」か「労働生産性」の2つがある
・改善する内容は定量化して数値にする
・自動化は単純化して入力データを固定できるかが重要
・実施計画書には10分で内容がわかるサマリーをつける
・報告段階で作業内容の洗い出しを行い、リスクを明確にしておく
・改善活動は定期報告を実施する
・計画中止・軌道修正タイミングなど、活動中の基準を決めておく
・実施後の効果測定と振り返りを必ず行う

続いての4章では、本章でも少し扱いましたが、運用における自動化とツールについて詳しく解説していきましょう。

第**4**章

自動化とツール

4.1　自動化を進めるための考え方

　アジャイル開発や DevOps といった新しい概念をもとに IT 組織運営が求められる現代で、ツールの導入と自動化は避けて通れない道となります。自動化のすべてを網羅するのは難しいので、本章では以下の 3 つについて説明しながら、自動化によって運用にどのような影響が出るのかを説明していきます。

・CI/CD（継続的インテグレーション／継続的デリバリー／継続的デプロイメント）
・Infrastructure as Code（IaC）
・ローコード開発プラットフォーム（LCDP）／ RPA

　これらは、それぞれ自動化を担当している箇所が違います。
　CI/CD は、おもにアプリケーション開発のバージョン管理からテスト、デプロイといった変更／リリース管理の自動化となります。IaC は、その名のとおりサーバーや OS などのインフラストラクチャの構築・管理をコードで行って、作業を簡略化（自動化）するツールになります。LCDP/RPA は、ソフトウェアを利用する際の作業を自動化するツールになります。
　ワークフローシステムやスクリプトもソフトウェアに対する自動化になりますが、前章で解説したので本章では省略します。

▶図　自動化が行われる箇所

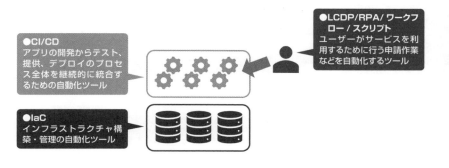

●CI/CD
アプリの開発からテスト、提供、デプロイのプロセス全体を継続的に統合するための自動化ツール

●IaC
インフラストラクチャ構築・管理の自動化ツール

●LCDP/RPA/ワークフロー / スクリプト
ユーザーがサービスを利用するために行う申請作業などを自動化するツール

　対象の違いはありますが、自動化に共通して必要なことは、作業やプロセスに一貫性を持たせて単純化することです。複雑で一貫性のない作業は自動化できません。一貫性と単純化のために組織の慣習や文化を変えることができなければ、いくら高いツールを導入しても管理費用が増すだけで何の効果も発揮しないでしょう。

　逆に、自動化のために組織やプロセスを最適化して、必要なツールが導入できれば望んでいた効果が手に入ります。その先には、ツールをうまく使ったからこそ見えてくる次なる目標も浮かび上がってくることでしょう。

　それぞれがどのような思想を持った自動化なのかを解説していきますので、みなさんの組織で取り入れられるところがあるかを考えてみてください。

4.2 CI/CD（継続的インテグレーション／継続的デリバリー／継続的デプロイメント）

　CI/CD は、頻繁にソースコードを修正していくアプリケーション開発において導入メリットが大きくなります。つまり SoE や SoI といったエンドユーザー寄りで変化の多いシステム向けのツールになります。

▶ 図　CI/CD が影響を与える箇所

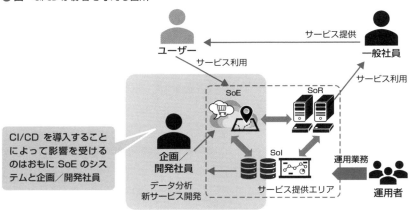

　情報システム部門で開発を行っていない場合は、あまりピンとこない分野になるかと思います。ただ、CI/CD がどういった自動化の概念なのかは把握しておきましょう。

4.2.1　継続的インテグレーション（CI：Continuous Integration）

　ここでいう「Continuous」は、「連続的」「切れ目のない」「途切れない」という意味を持ちますので、「常に」と訳すのが適切かもしれません。「Integration」は「統合」なので、CI は「常に統合」するということになります。

　統合するのはプログラムです。**複数のメンバーで開発しているソフトウェアの**

ソースコードを、少なくとも毎日1回は統合しテストすることで、統合の過程で発生する問題やバグを早期に検出することができます。こまめに統合とテストを行うことにより、ソフトウェアの信頼性の向上が見込めますし、プロジェクトの進捗管理も容易になります。実際には、Gitなどのバージョン管理ツールでメンバーのソースコードを管理して、JenkinsやCircle CIというCIツールで自動テスト環境を作成することになります。

▶図　継続的インテグレーション

※参考：Ville Pulkkinen 著「Continuous Deployment of Software」、p.47「Figure 1. Continuous Integration,
Delivery and Deployment」（Prof. Dr. Jürgen Münch 編『Cloud-Based Software Engineering』
p.46-52 ／ University of Helsinki ／ 2013 年）

4.2.2　継続的デリバリー（CD：Continuous Delivery）

「Delivery」は「配送」「引き渡し」という意味なので、改修したソフトウェアを「常に引き渡し可能な状態」にしておくことが「継続的デリバリー」になります。

▶図　継続的デリバリー

※参考：「継続的インテグレーション」に同じ。

　コードをコミットしたら自動的にテスト環境にソフトウェアがデプロイされ、自動で受け入れテストも行われます。テスト環境には常に新しいバージョンのソフトウェアが稼働しているので、開発担当者以外も常に最新バージョンの使用感を確認することができるなど、ビジネス側にもメリットがあります。また、ビッグバンリリース（大きな変更を含んだリリース）が減るので、リリースによる大規模障害も少なくなり、開発者のリリースに対する心理的な負荷を下げることもできます。継続的デリバリーまで自動処理の環境を構築できれば、全体としてメ

リットはとても大きいものになります。

4.2.3　継続的デプロイメント（CD：Continuous Deployment）

「Deployment」は「配備」「展開」という意味なので、コードをコミットした
ら自動的に本番環境へ展開されることが「継続的デプロイメント」になります。

▶図　継続的デプロイメント

※参考：「継続的インテグレーション」に同じ。

　**コードの修正から本番環境へのソフトウェアデプロイまでが完全に自動化され
る**ので、ヒューマンエラーはなくなり、再現性と追跡性はかなり高いものになり
ます。エンドユーザーへ最新バージョンが即座に届けられ、ユーザーからのフィー
ドバックをすぐに得ることができるので、MVP（Minimum Viable Product：
実用最小限の製品）やプロトタイプを作成しているときは重宝します。
　一方、途中で第三者がソフトウェアをチェックできるタイミングがないため、
セキュリティ対策やライセンス管理なども開発者に任されることになります。本
格的に継続的デプロイメントを採用する場合は、シフトレフトと呼ばれる「ソフ
トウェア開発ライフサイクルの初期段階（企画、設計など）から、セキュリティ
や品質の検討を行うべき」という考え方を採用する必要があります。これは、開
発に必要なチェック機能を、時間軸で左へ移動（シフトレフト）させることによ
り、アジャイル開発を円滑に行っていく考え方です[1]。
　継続的デリバリーと継続的デプロイメントはどちらのほうが良いということは
なく、ソフトウェアの状況に合わせて選択することになるでしょう。
　CI/CD を導入すると変更／リリース管理プロセスは激変します。そのため、
自動化に合わせて考え方や文化を変えていく必要があります。継続的デプロイメ
ント／デリバリーの前提として、継続的インテグレーションがあり、継続的イン

※1 参考：IoTセキュリティに向けた"シフトレフト"が一筋縄ではいかない理由：https://ascii.jp/
　　elem/000/001/831/1831763

テグレーションの前提にはバージョン管理があります。単純にツールを導入して完了ではなく、開発者の考え方やツール利用方法などを整理していかなければなりません。

◉図　ツール導入の導入難易度

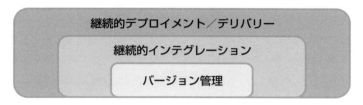

　CI/CD の詳細については、有益な書籍や解説動画が多数ありますのでそちらをご参照いただければと思います。

4.2.4　CI/CD 導入によって影響を受けるドキュメント

　続いて、CI/CD のプラクティスを導入した際に起こる運用ドキュメントの変更点を確認しておきましょう。

◉図　CI/CD 導入によって影響を受けるドキュメント

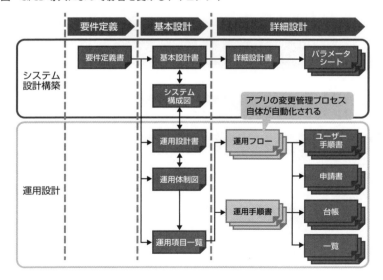

　CI/CD の導入で一番大きく影響を受けるのは、**アプリケーションのリリース手順**と**変更／リリース管理**のフローとなります。

　バージョン管理や CI 導入の段階では、影響を受ける範囲は手順書の簡略化がほとんどですが、継続的デリバリー／継続的デプロイメントを本格的に導入した場合、変更の承認、他システムへの影響確認、検証環境でのテスト、セキュリティチェックといったフロー上のイベントも自動化されます。

　自動化されたイベントは省略してよいものと省略できないものが存在します。変更の承認、他システムへの影響確認、セキュリティチェックなどの省略できないイベントに関しては、シフトレフトの考え方で開発段階での検討項目として事前チェックリストなどに盛り込んでいく必要があります。

　どんな段階であれ CI/CD を進めることは、手順書や処理プロセスを減らして、サービスの変更／リリースを俊敏に実施していくことにつながります。

Column　アジャイル開発と CI/CD と DevOps の関係性

　アジャイル開発と CI/CD と DevOps は、近しい意味を持っていて重複する箇所も多いですが、微妙に違う意味を持つプラクティスです。

アジャイル開発

　その名のとおり「アジャイル（すばやい）」開発をするために必要なことをまとめたプラクティスです。デリバリーの障壁となっているプロセスを改善することや、ステークホルダーの関係性を緊密にして変化への対応速度を上げることを目的としています。

　その根本となる思想はアジャイルソフトウェア開発宣言（https://agilemanifesto.org/iso/ja/manifesto.html）で読むことができます。

CI/CD

　ソフトウェアのライフサイクルに焦点を当てて、初めからある程度ツール導入を視野に入れたプラクティスです。テストやデプロイといった作業をツールによって自動化していくことで、安定した開発と開発スピードの向上を両立させ、変更・リリースに対する心理的負担を下げていくことを目的としています。

DevOps

　DevOps は、開発と運用という異なる役割を融合させるためのプラクティスです。開発と運用の垣根を崩し、お互いの仕事を把握して不確実性の時代にあわせて変化していける組織づくりを目指します。

▶図　アジャイル開発と CI/CD と DevOps の関係性

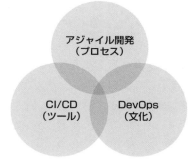

　これらはどれか 1 つのプラクティスを採用するという類のものではなく、それぞれを企業に合った形へカスタマイズしながら成長させていく必要があります。常に新しい考え方や技術がアップデートされていくので、「これをやればアジャイル開発だ！」という正解はありません。プロセスを常に改善し、新しいツールを積極的に試し、文化を醸成して、そのときどきでベターな選択をチョイスしていくことが大切です。

4.3 Infrastructure as Code

　**ネットワークや OS、仮想マシンなどのインフラストラクチャの管理をコード
で行い、自動化していく**のが Infrastructure as Code（IaC）になります。IaC
導入は基本的にすべてのシステムと IT 担当者へ影響を与えます。また、SoR の
ような変更の少ないシステムに対しては、メリットだけでなくデメリットも考慮
して導入を検討する必要があります。

◉ 図　IaC が影響を与える箇所

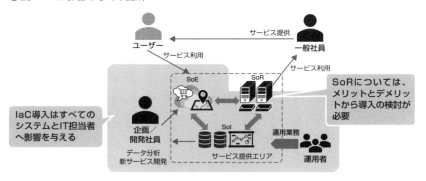

4.3.1　IaC 導入のメリットとデメリット

　オンプレミスが主流の時代は、機器発注から導入までの時間で基本設計書やパ
ラメータシートを作成して準備することができました。しかし、クラウドサービ
スが普及し始めると、待ち時間なくインフラ基盤を準備できるようになりました。
開発担当者はすぐにでも開発したいのですが、インフラの設計と構築がボトル
ネックになってスピード感が落ちてしまいます。そんなボトルネックを解決する
ために、インフラの設計構築、パラメータの管理もコードで行おうと考えたのが
IaC です。

また、Web サーバー／ AP サーバー／データベースの 3 点セットのように、同じ構成、同じ設定のサーバーを大量に構築したり削除する要件が出てきました。何度も同じ作業を繰り返すことは苦痛なうえ、生産性の低い作業なので作業ミスも起こりやすくなります。

インフラ構築で作業ミスが起こると、どれか 1 台だけ設定が違うという状態になり、障害の原因になります。そういった意味でも IaC ツールを導入して、OS やミドルウェアの構築や設定、テストを自動で行うことができれば、省力化とヒューマンエラーの削減が見込めます。

▶図　手作業での構築、管理

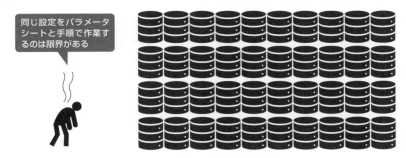

▶図　IaC を導入した構築、管理

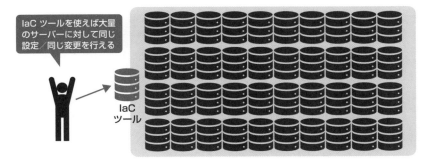

一見メリットばかりに見える IaC ツールですが、デメリットもあります。メリット／デメリットを以下にまとめます。

151

メリット

・コードが完成すれば、構築手順書が劇的に簡素化される
・同じシステム構成や仮想サーバーなどを大量に作成する際のヒューマンエラーが減る
・正しい管理が行えていれば、本番環境の設定がコードベースで確認できる

デメリット

・IaC ツールを使いこなすスキル、コードを書くスキルなど学習コストは高い
・ちょっとした変更だけならコンソールやコマンドを実行したほうが圧倒的に早い
・種類の違うサーバーが数台ずつ乱立しているような環境だと、逆にコードの管理が煩雑になる
・システム導入をベンダーに依頼している場合、利用している IaC ツールを使ってインフラの構築作業をしてもらう必要がある

　真剣に IaC によるインフラ管理を行っていくためには、「絶対に直接サーバーの設定を変更しない」というぐらいの覚悟が必要です。ちょっとした変更でも、コードを書いて実行しなければなりません。もし、ちょっとした変更をコンソールやコマンドで実行した場合は、変更内容をどこかにメモしておかなければなりません。そのメモが溜まっていくと、それはもはやパラメータシートになってしまいます。

　なお、IaC とパラメータシートの兼用案として、全サーバーが同じ設定箇所までは IaC で払い出し、それ以降の変更はパラメータシートで管理する、というやり方もあります。どのような利用方法が良いかは、企業が利用するシステムの種類によって検討していく必要があります。

　しかし、IaC の「ちょっとした変更に対応することが大変」というデメリットに対しては、新しい考え方が出てきました。そのひとつが「Immutable Infrastructure」です。

4.3.2　Immutable Infrastructure とコンテナ

　必要になったら新しいサーバーを作って元のサーバーは廃棄する、つまり**本番**

稼働後にインフラの設定変更は行わないという考え方が「Immutable Infrastructure（不変のインフラ）」です。

インフラ設定が完璧にコード管理されていれば、本番環境とまったく同じ開発環境を新規で作ることは簡単です。これまでのように、長年使っていて本番環境との差分がないことを担保できなくなった危険な開発環境にデプロイしてテストするのではなく、最新でクリーンな開発環境にデプロイしてソフトウェアのテストを行うことができるようになります。

テストを終えた開発環境は、ロードバランサーなどで本番環境と切り替えることでそのまま本番環境となります。これにより、本番環境へ祈りながらソフトウェアをリリースすることもなくなります。さらに、今まで稼働していた本番環境を丸ごと保管しておくことができるので、不具合があった場合の切り戻しも簡単です。

◐図　Immutable Infrastructure

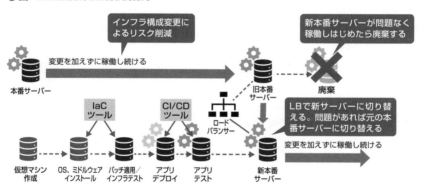

この仕組みは CI/CD によるアプリケーションのデプロイとテストの自動化を前提としており、これが実現していないと利用するのはやや難しいです。また、仮想サーバーを頻繁に構築することに抵抗がある方もいると思います。

現実的には、仮想サーバーの代わりに**コンテナ**を利用することが多いでしょう。コンテナとは、アプリケーションが動作する最小限の設定を仮想化する技術です。

▶ 図　仮想マシンとコンテナの違い

　コンテナは仮想マシンよりも軽量で扱いが簡単で、気軽に構築廃棄することができます。さらに、コンテナを管理する Kubernetes などのオーケストレーションツールを組み合わせれば、コンテナによって Immutable Infrastructure を実現することも可能となります。

| Column | **Blue-Green deployment とカナリアリリース** |

　Immutable Infrastructure と関連する考え方に「Blue-Green deployment」と「カナリアリリース」があります。「Blue-Green deployment」は、可能な限り同じにした 2 つの本番環境を用意して、利用していない環境に最新バージョンをデプロイして切り替えることでカットオーバー時のダウンタイムをできるだけ短くすることが目的です。Immutable Infrastructure との違いは、切り替えた旧本番環境を廃棄せずに再利用していくという点です。

　「カナリアリリース」は、2 つの環境を準備してデプロイしておくところまでは同じで、一斉に切り替えを行うのではなく、一部のユーザーから徐々に切り替えてリリースによる不具合発生の影響を最小限に止める手法です。ソフトウェアの管理などを行っている運用の方は、こういった手法についても調べておくこともお勧めします。

4.3.3 IaC 導入によって影響を受けるドキュメント

最後に、IaC のプラクティスを導入した際に起こる運用ドキュメントの変更点を確認しておきましょう。

● 図　IaC 導入によって影響を受けるドキュメント

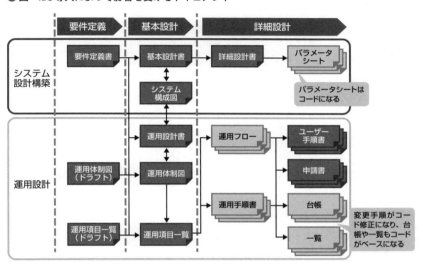

IaC 導入によって、一番大きく影響を受けるドキュメントはパラメータシートです。完全にコードで管理を実施した場合、パラメータシートはすべてコードになり、新たにコードのバージョン管理が必要となります。また、パラメータをまとめた台帳や一覧がコードに含まれていく場合もあり、導入の際は二重管理にならないように点検しておくとよいでしょう。

IaC を導入しているシステムと導入していないシステムが混在する場合は、リリース方法が異なるため変更／リリース管理フローでのチェックが必要になります。リリース手順や管理方針が異なるため、変更承認者も違いを意識して承認することが必要になります。

4.4 ローコード開発プラットフォーム（LCDP）/RPA

LCDP/RPA は、**ソフトウェアを操作する作業を自動化するツール**です。その
ため、運用者の運用ツールに対する作業や、一般社員の業務システムに対する作
業を自動化することができます。

▶図　LCDP/RPA が影響を与える箇所

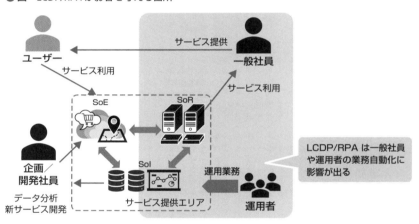

パッケージソフトやクラウドサービスは、企業に合わせた画面の作り込みなど
があまり行えないため、どうしてもユーザーや管理者の手作業が増えます。1 回
5 分の作業だとしても、全社員が毎日行う作業だった場合、年間で合計すると膨
大な稼働になります。LCDP/RPA は、そのような高頻度で発生する単純作業に
対して効果を発揮します。

LCDP と RPA の違いについて、簡単ですが説明しておきましょう。**LCDP
（Low-Code Development Platform）はグラフィカルなインターフェース
を使って最低限のソースコードでアプリケーションを作成する開発基盤**のこと

で、**RPA（Robotic Process Automation）はソフトウェアのロボット（人の代わりに作業を自律的に行う装置）に命令を与えて作業を代行してもらう技術の総称**となります。どちらも一般的なプログラミング言語を習得するよりも低い学習コストで作業を自動化できることが特徴なので、混同されてしまうこともありますが、大きな違いとして LCDP は API を中心にサービス同士を連携していくのに対して、RPA は API に加えて管理画面などの GUI も扱えるという点にあります。

　一見すると RPA にメリットがありそうですが、画面のレイアウトが予告なく変わってしまうクラウドサービスの Web 管理画面などに対応した形でロボットが動くようなルールを作成するには、それなりのスキルが必要になります。また、基本は命令ベースで業務を自動実行するのが RPA の特徴なので、判断分岐が多くある場合は LCDP のほうが向いているともいえます。どちらがよいかは、自動化する業務によるので導入時に検討する必要があります。

4.4.1　エンドユーザーコンピューティング（EUC）

　LCDP/RPA は通常のプログラミングによる開発よりも学習コストが低いため、ユーザー自身に開発ツールを解放するエンドユーザーコンピューティング（EUC）というアプローチもあります。

　たとえば、オフィススイートの SaaS には、ローコードやノーコードを謳った開発プラットフォームが付随しています。Microsoft 365 であれば Power Platform、Google Workspace であれば Apps Script になります。これらの機能がユーザーに開放されていれば、ユーザーが自主的に業務改善アプリを作成することができます。

■EUC の問題点

　ある程度の IT リテラシーのある方であれば、ベンダーに頼むと費用も時間もかかっていたアプリケーション開発が自分で手軽に行えるようになるので重宝することになるでしょう。ただ、特定の社員が大量にアプリを作り、異動や離職によってメンテナンスできなくなったアプリが不具合を起こして業務を止めてしまっては本末転倒です。

　EUC を推し進めるのであれば、アプリ管理体制や引き継ぎ方法の確立、そも
そもアプリを解読して修正できるユーザーを増やすための活動も必要となってき
ます。

◉図　メンテナンス不能なアプリが山積

こうならないための施策
・アプリ管理体制の冗長化
・アプリ実装者の教育／育成
・チーム内の引継ぎルール策定と強化

　これらの対策の中で一番のおすすめは、アプリ実装者の教育／育成を推し進め
ることです。LCDP/RPA は学習コストが低いことが最大の特徴です。アプリに
不具合が発生しても、自ら直せる人が増えればメンテナンス担当といった考え方
も不要になります。また、社員の多くがアプリを開発できる基礎的なプログラミ
ングスキルを持つことは、IT によるビジネス推進の土台にもなります。定期的
な研修の開催、作成したアプリの共有会、優秀なアプリを開発した人を表彰する
など、教育と育成を推進する施策を行うとよいでしょう。

4.4.2　LCDP/RPA 導入によって影響を受けるドキュメント

　最後に LCDP/RPA のプラクティスを導入した際に起こる運用ドキュメントの
変更点を確認しておきましょう。

◯図　LCDP/RPA 導入によって影響を受けるドキュメント

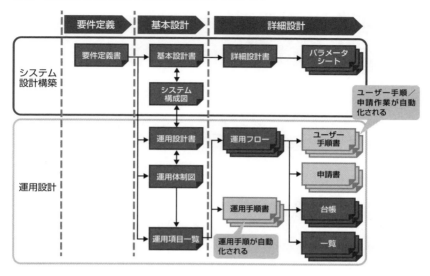

LCDP/RPA 導入によって、ユーザー手順や申請作業、運用手順書などが自動化されて簡略化されます。定期作業を定期実行の自動処理に出来れば、手順書が完全になくなることもあります。その代わり、自動化したタスクは台帳などを作成して管理していかなければなりません。バックアップなどの重要度の高い作業を自動化した場合、処理が途中で止まってしまった場合の検知、対応などをインシデント管理に組み入れることも必要になります。自動化は作業がなくなるのではなく、作業が IT システム化するということなので、他のシステムと同じように運用管理していくことを意識しましょう。

また、LCDP/RPA を業務効率化のツールとして一般社員が利用する場合は、利用ルールを決めたり、利用の際のセキュリティ規約をまとめて周知することも情報システム部門の重要な役割になってくるでしょう。

ここがポイント！

一口に自動化といっても、手法によって省力化される場所が違うことを理解しておく必要がありますね

4.5　まとめ

　4 章を通して自動化の考え方とツール導入、それによって変化する運用方針について説明していきました。最後に 4 章のキーメッセージをまとめておきましょう。

- ・CI/CD はアプリケーション開発の自動化を行う
- ・CI/CD を導入すると、新たな変更リリース管理の考え方が必要となる
- ・IaC 導入はメリット・デメリットがあるので事前に検討が必要となる
- ・IaC や CI/CD を本格的に導入するには、常に新しい技術を追いかけ、変化を恐れない態勢が必要となる
- ・LCDP/RPA は、ソフトウェアを操作するためのソフトウェアである
- ・LCDP/RPA は、一般社員が抱える単純作業の自動化に有効
- ・LCDP をユーザーに利用させる場合は最低限の管理と継続した教育／育成が必要となる

　続いて 5 章では、クラウドサービス運用で必要になる考え方について解説します。

第 **5** 章

クラウドサービス運用に
必要なこと

5.1 クラウドサービスが増えていく理由

　クラウドサービスが登場してから 15 年以上経ち、いまや当たり前に利用されるテクノロジーになりました。クラウドサービスをまったく使っていない企業のほうが少ないでしょうし、いまから起業するならクラウドサービスを中心にサービス開発を行うでしょう。そのサービス内容についても、仮想サーバーなどのIaaS だけでなく、よりクラウド事業者の管理領域が多いマネージドサービスが増えるなど、多種多様になってきています。大企業の情報システム部門も、何かしらのクラウドサービスを運用していかなければならない時代になりました。

　本章では、クラウドサービスの実態を再確認しながら、オンプレミスとクラウドサービスで変わる運用方法、クラウドサービス導入時の運用設計方法を説明していきます。

5.1.1　クラウドサービスの利点

　まずはクラウドサービスが増えていく理由を押さえておきましょう。クラウドサービスの利点はいくつかありますが、運用にかかわる箇所だと以下の 2 つとなります。

・ハードウェアがなくなることによる運用コストの抑止
・すぐに開発が開始できる

■ハードウェアがなくなることによる運用コストの抑止

　クラウドサービスを利用することによって、物理サーバーなどのハードウェアの管理がなくなるため、基盤運用の多くの部分が削減されます。ハードウェアの保守費用、データセンター管理費用などがなくなるので、純粋なキャッシュアウトも減りますし、故障などへの対応がなくなるので運用工数も下がります。

▶図 ハードウェアの運用から解放

●オンプレ

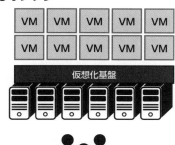

●クラウド

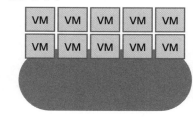

システム基盤と
運用者が必要

ハードウェアの
運用から解放

■すぐに開発が開始できる

　ハードウェアの準備が不要になるということは、アプリケーションの開発もすぐに始められるということです。これまでは新しいシステムを作成する場合、開発が始まるまでにハードウェアの購入、設置、キッティング、OS のインストールなど、開発環境の準備でリードタイムがかかっていました。しかし、クラウドサービスを利用すれば、すぐにアプリケーションの開発をできるようになり、リードタイムが一気に短縮されます。

◉図　リードタイムが短縮

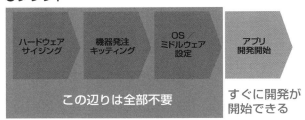

5.1.2　クラウドリフトとクラウドシフト

　オンプレミスからクラウドサービスに移行する際の運用コストについて、もう少し考えてみましょう。移行過程は、クラウドリフトとクラウドシフトと呼ばれる2つの段階にしばしば分類されます

・クラウドリフト
　オンプレミスで稼働していたシステムを、クラウド上のIaaS（仮想サーバー）に単純に載せ替える（リフト）こと。ハードウェア管理などの物理機器管理から解放されるが、この段階ではIaaSを利用しているので、OSやミドルウェアの管理からは解放されていない。

・クラウドシフト
　クラウド環境で動いているシステムを、PaaSやSaaSなどのクラウドネイティブの仕組みにシフト（移行、切り替え）させていくこと。マネージドサービスをメインに活用していくため、OSやミドルウェアの管理も少なくなりさらに運用コストは下がっていく。

▶図　クラウドリフトとクラウドシフト

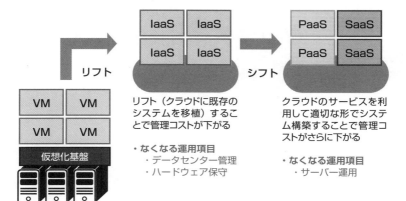

このように、クラウドリフトではハードウェアの運用がなくなり、シフトするとさらに運用項目は少なくなります。室脇慶彦氏によれば、オンプレミスで構築したシステムを完全にクラウドシフトすると、運用コストが9割削減できるという試算もあります[1]。こうした運用コストの削減が、クラウドサービスが増えていく大きな理由でもあります。今後は、マネージドサービスを活用して運用コストを抑え、自社サービスをすばやくスタートさせたいという需要もさらに増えていくことでしょう。

※1 室脇慶彦 著『IT負債 基幹系システム「2025年の崖」を飛び越えろ』日経BP／2019年

5.2 オンプレミス運用にクラウド運用が流入した時代

　オンプレミス中心だった運用からクラウドサービスへ移行していくと、運用はどのように変わっていくのでしょうか。新旧の比較をするために、まずはオンプレミス時代の運用について整理します。

　すべてのシステムがオンプレミスだった時代は、管理するサービス数は少なくリリース間隔も長かったため、一度リリースされてしまえば運用業務の劇的な変更はあまりありませんでした。その理由としては、業務のデジタル化がまだ限定的だった、インターネット回線がまだ低速だった、モバイル端末がまだ普及していなかったなどさまざまなものがあります。そのような状況なので、それほどキッチリと運用設計されていなくてもリリース後に運用を整備していく時間を取ることが可能でした。ほかにも、まだサービス間の連携もそれほど多くなかったためサービスとシステムの構成要素がわかりやすく、管理がしやすかったという状況もあったでしょう。そのせいで運用設計が軽視されていったという現状もありますが、まだまだ平和な時代だったともいえます。

▶図　旧来の運用

しかし、企業内の情報のデジタル化が進み、クラウドサービスの活用が進んで

いくと状況が変わっていきます。

　社内のシステムすべてが一気にクラウドサービスに替わるのであればわかりやすいのですが、多くの企業では、クラウドサービスの導入はゆっくりと、限定的に行われました。そのため、新たに導入されたクラウドサービスに対してはひとまずオンプレミス環境と同じ運用ルールを適用していましたが、徐々に歪みが生じていくことになりました。オンプレミスとクラウドでは、運用が類似する箇所も多くありますが、課金管理や変更管理など決定的に違う部分もあるため、まったく同じルールで扱うには難しい部分があります。

　また、はじめは IaaS だけだったクラウドサービスに、PaaS や SaaS といった新しい形態のサービスが追加されていきました。多くの企業で体制を整える前にクラウドサービスの導入が進んでしまい、気がついたら運用がうまく回っていない、うまくやれているか不安がある、という状況があちこちで生まれています。徐々にクラウドサービスが導入されていく流れで、旧来のオンプレミスのシステムも管理しながら新たなサービスを管理しないといけないという事態も発生しました。

▶図　運用がうまく回っていない状況

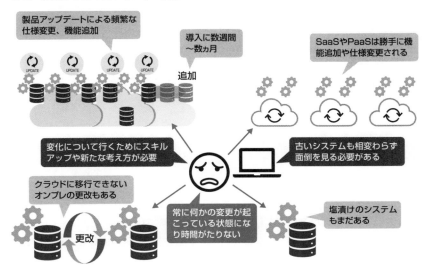

　これからの運用には、これまでのオンプレミスの知識や経験に加えて、クラウドサービスの知識も必要となってきます。これまでオンプレミスのインフラ中心に運用してきた人も、SaaS や PaaS といったアプリケーション寄りのクラウドサービスの特性も理解しなければなりません。

Column　オンプレミス回帰

　メンテナンスによるサービス停止や想定外の仕様変更、機能リリースなど、クラウドサービスには自分たちでコントロールできないことがあります。ほかにも、細かなチューニングができないことや、セキュリティ上の懸念などがあることから、重要なシステムをあえて自社のオンプレミス環境で管理する企業も増えてきています。

　クラウドサービスの特徴は、小さな環境を手軽に構築してすばやく利用できる点にあります。逆に言えば、サービスが拡大して大量のリソースが必要になってくると、コストが割高になってくる場合があります。

　そうなると、クラウドの限定的な環境を使うよりも、そのサービスに特化したハードウェアチューニングを施したオンプレミス環境のほうが、コストパフォーマンスが高くなる場合もあります。

◉図　細かいチューニングのためにオンプレミスへ回帰していく

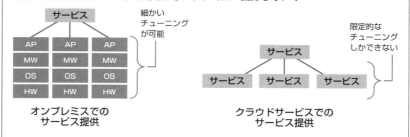

　クラウドコンピューティングで小さく始まり、その後成功して大きくなったサービスが、オンプレミスへ回帰して専用の環境でさらなるパフォーマンスを発揮していく、というケースもこれからは出てくるでしょう。そうなると、OSやハードウェアのチューニングの知識がまた重宝されるようになるかもしれません。

5.3 オンプレミスから変わる運用項目

PaaS や SaaS のようなマネージドサービスのほうが運用が楽になると前述したように、オンプレミスだけでなくクラウドサービスの種類でも運用項目が変わってきます。特に基盤運用部分には大きく影響してきます。

以下の表で、オンプレミス、IaaS、PaaS/SaaS でどれぐらい運用項目に差が出るかを具体的にまとめてみます。

▶ 表 基盤運用の差分

運用分類	運用項目	オンプレミス	IaaS	PaaS/SaaS
基盤運用	パッチ運用	ハードウェア、OS ／ミドルウェアのパッチ適用作業が必要	対象からハードウェアがなくなるだけで、ほぼオンプレミスと同様。	不要か定期的な再起動を実施する
	ジョブ／スクリプト運用	OS ／ミドルウェア、アプリケーションの自動実行に関する管理が発生	オンプレミスと同様	アプリケーションレベルだけ検討する
	バックアップ／リストア運用	ハードウェアの設定情報、システムバックアップ、データバックアップの検討が必要	対象からハードウェアがなくなるだけで、ほぼオンプレミスと同様	基本はデータバックアップのみを検討する
	監視	ノードの死活監視、CPUやメモリなどのリソース監視、サービスやプロセスの監視、アプリケーションのエラーログ監視などが発生	対象はハードウェアがなくなるだけで、ほぼオンプレミスと同様。オンプレミスよりもパフォーマンスの監視が重要になる	サービス監視がメイン。サービスで取得できるメトリックを中心にエラー監視、パフォーマンス監視などを行う
	ログ管理	ハードウェア、OS ／ミドルウェア、アプリケーションの監査ログの管理が必要となる	対象からハードウェアがなくなるだけで、ほぼオンプレミスと同様	基本はアプリケーションの監査ログ管理だけ行う
	運用アカウント管理	ハードウェア、OS ／ミドルウェア、アプリケーションのアカウント管理が必要となる	対象からハードウェアがなくなるだけで、ほぼオンプレミスと同様	運用管理としてはクラウドサービスのアカウント管理だけで良い
	保守契約管理	ハードウェア、OS ／ミドルウェアの保守契約管理が発生する	対象からハードウェアがなくなるだけで、ほぼオンプレミスと同様	基本はクラウドサービスとの契約だけを管理すればよい

　オンプレミスと IaaS はハードウェアの有無以外にほとんど違いがありませんが、IaaS と PaaS/SaaS は運用項目の内容がかなり異なってきます。

　PaaS だと OS の管理、SaaS になると OS ／ミドルウェアの管理がなくなるので、それらに対するパッチ適用、定期的なタスク実行（ジョブ管理）、システム部分のバックアップ／リストアなど、運用項目の大半の部分が不要になります。

　また、パッチ適用、ログ管理、アカウント管理はセキュリティ管理とも紐づいている部分です。これらがクラウド事業者管理になることで、OS ／ミドルウェアに対する脆弱性対応がなくなり、取得しなければならないログが減り、管理するアカウント数が減ることになるので、あわせてセキュリティ管理の運用も削減されることになります。

　監視については、クラウドサービスとオンプレミスで内容が変わってきます。事前にパフォーマンスを予測してサーバーやハードディスクなどのリソースを購入するオンプレミスとは違い、クラウドサービスでは最低限のリソースでサービスを開始して、必要に応じてリソースを追加していくことがほとんどです。このため、クラウドサービスではサービスのレスポンスなどのパフォーマンスを監視して、監視をトリガーに、パフォーマンス向上のためのリソースの追加、サービスの改修を行うことになります。そのため、これまでよりもアプリケーション寄りの監視を重点的に行う必要が出てきます。

■ マネージドサービスを利用していく意義

　運用設計の観点では、サービスを構成する要素の中に仮想サーバーが 1 台でも存在すると、基盤運用で設計しなければならない項目が大量に発生するということになります。

　運用設計は全体に対して行うので、仮想サーバーが 1 台でも 10 台でも検討する内容はあまり変わりません。たとえばパッチ適用の場合、OS へのパッチ適用の周期、手順、検証環境へ適用してから本番環境適用させるまでの承認プロセスなど、大量の検討項目が発生します。オンプレミス／ IaaS からクラウドシフトする場合、可能なら仮想サーバーが 1 台もないシステム構成を目指したほうがよいでしょう。

　新規でサービスを開発する場合も、まずは PaaS と SaaS だけでサービスを構築できないかを検討するべきです。どうしても仮想サーバーが必要となる場合は、

マネージドサービス型コンテナで代用できないかを考えましょう。マネージドサービスを利用することで、運用コストの削減と合わせて開発スピードの向上も見込めます。

▶図　サービスの構成要素と開発スピード、運用コストの関係

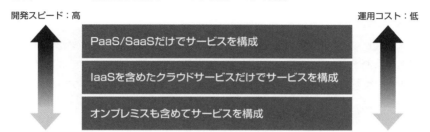

ユーザー企業の強みは、最新の IT テクノロジーを開発することではなく、所属する業界の中で培った技術や積み上げてきた信頼、保有しているデータであることが多いでしょう。これらの強みをサービス化する場合、1 から自社で開発するよりもクラウドサービスをつなぎ合わせていくほうが早く安く作り上げることができます。限られた予算で開発スピードを上げて運用コストを下げるための選択肢として、今後はマネージドなクラウドサービスを活用していくことが増えていくと思います。

まず業務運用、基盤運用、運用管理の 3 つの分類で、クラウドサービスの運用についてより詳しく見ていきましょう。

5.3.1　業務運用

サービスの利用者（顧客や一般社員）とサービスをつなげるための業務運用は、クラウドサービスになったからといって特段変わることはありません。代表的な業務運用として、だれがサービスを使えるかなどのユーザー情報の管理や、情報提供依頼やユーザー手順書の作成、各種企業イベントに合わせた対応準備などが挙げられます。

5.3.2　基盤運用

　クラウドサービスによっては基盤運用が激変するということは前述したとおりですが、加えてクラウド事業者に合わせて対応しなければならないこともあります。それぞれの運用項目にどのような変化があるかを説明しましょう。

■パッチ運用

　オンプレミスにおけるパッチ適用という作業はなくなりますが、**クラウドサービスでは勝手にセキュリティアップデートが行われたり、任意のタイミングで機能追加を含むバージョンアップが要求されたりします**。バージョンアップに追従しないと保守サポート対象から外れてしまう場合もあるため、必要に応じてバージョンアップ対応を運用項目として扱いましょう。

　大きなバージョンアップは実施時期が決まっていたり、数週間前に予告される場合がほとんどです。バージョンアップが決まったら、クラウド事業者に対して、サービスを停止せずにバージョンアップできるかを確認しておきましょう。もしサービス停止が発生してしまう場合は、ユーザーへの周知やユーザーの少ない夜間に実施するなどのバージョンアップ計画を立てる必要があります。また、アドオンしている機能、API 連携している周辺システム、ワークフロー /LCDP/RPA などで自動化している作業は、バージョンアップ後に動作確認テストが必要になります。

■ジョブ／スクリプト運用

　PaaS/SaaS の機能としてスケジュール実行の機能がある場合は、その管理が必要になります。また、クラウドのコード実行サービス（AWS Lamda や Azure Functions など）などを組み合わせて、PaaS/SaaS の全体のスケジュール実行管理を行う方法もあります。

▶図　サービス内の自動実行とサービスを横断した自動実行

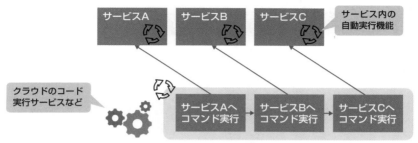

■バックアップ／リストア運用

　PaaS/SaaS の場合、OS 丸ごとといったシステムバックアップは不要となります。データバックアップについては、必要に応じて取得します。設定値のコンフィグバックアップができる場合は、取得するタイミングを決めておきましょう。ユーザーデータについては、高可用性の契約ができ、データ損失がほとんどない構成になっている場合は基本不要ですが、オペレーションミスなどでデータが消えてしまうリスクがある場合は取得を検討する必要があります。

■監視

　PaaS/SaaS の場合、死活監視、CPU、メモリなどのリソース監視といったシステム基盤に関する監視はほとんどなくなります。ただしアプリケーションレイヤーの監視は残るので、クラウドサービスの正常性確認やエラーログ監視などは行う必要があります。それらのアラートを受け取った後は、インシデント管理フローに従っていくため、切り分け方針を決めてドキュメント化しておく必要があります。

　IaaS の場合、オンプレミスと変わらず死活監視やリソース監視がありますが、監視アラートは障害の検知とあわせて、スケールアップ／スケールアウトといったリソース拡張のトリガーにもなります。

　それとは別に、クラウドサービス自体が使えなくなってしまう障害についても対応を検討しておく必要があります。クラウド事業者の公式発表よりも、Twitter などの SNS で話題となるほうが早かったりもしますので、最善の監視

方法が何なのかは難しいところですが、サービス全体が使えなくなった場合に代替サービスを検討しておいて業務を続行する必要があるのか、それとも復旧されるまで待つのか、といった基本方針は検討しておくべきでしょう。

■運用アカウント管理

　OS やミドルウェアがなくなるので、管理を検討しなければいけないアカウント数こそ減りますが、基本的な考え方は変わりません。セキュリティとも連携するところですが、特権管理者の人数はできるだけ少なくして、最小権限を適材適所に割り振らなければなりません。

■保守契約管理

　ハードウェア、OS ／ミドルウェアの保守契約は不要となるので管理対象は減ります。基本的にはクラウドサービスに関する問い合わせ対応などのサポート契約を結ぶか結ばないかという判断だけになります。商用利用している場合は、サポート契約を結んでおいたほうがよいでしょう。

5.3.3　運用管理

　運用管理で大きく変わるのは、変更／リリース管理、ナレッジ管理、課金管理です。これらの点について順番に解説していきます。

■変更／リリース管理

　クラウド運用では、サービスの機能追加や仕様変更作業がクラウド事業者になるため、その変更に追随していく必要があります。そのためクラウドサービスの変更／リリース管理には、これまでとは違う考え方が必要になります。

システム特性、組織ごとに変更への初動を決める
　クラウドサービスは、クラウド事業者のタイミングで機能追加や仕様変更が行われます。AWS、Azure、GCP などの代表的なパブリッククラウドでは 100 を超えるサービスがあり、毎月膨大な数の機能追加や仕様変更が実施されています。たとえば、バックアップ先に新たなリージョンが追加された、といったことから、サーバレスコード実行サービスで新しいバージョンの Java のサポートが

開始した、といったことまで、内容もその重要度も多岐にわたります。これらすべてを追いかけることは現実的ではないので、利用しているサービスに新機能が追加された際の方針を決めておく必要があります。

　まずは情報システム部門として、開発者にクラウドサービスの新機能を自由に積極的に使わせたいのか、それともきちんと管理した状態で使わせたいかを検討しましょう。

　新機能を積極的に使っていく場合、新機能によって業務がいち早く効率化される可能性が上がります。また、新しいテクノロジーを常に利用することで、市場における先行者利益を得られる可能性が上がることもメリットと言えるでしょう。

　その反面、新機能のバグを踏んでしまう確率も高まりますので、セキュリティ検証をしっかり行わないと情報流出などのリスクを抱えることになります。しかし、検証作業を確実に行い、利用できるサービスを管理した状態で使っていくとなると、今度はリスクが減る代わりに時間がかかり、他社に後れをとる可能性は上がります。

　これはどちらが良いということではありません。サービスやシステムの適性、部門の特性に合わせて、リリースされた新機能に対する対応を決めておきましょう。

リリースされた新機能に対する対応パターン

　サービスやシステムの特性ごとに、新機能リリースへのパターンを分類すると、大きく以下の5つがベースとなります。

① 重要データをそれほど扱っていない SoE 寄りのシステム

　　最低限のセキュリティに対するチェックをして、なるべく早く新機能を使えるようにする

② 企画やサービス開発で利用している SoI 寄りのシステム

　　ユーザーの強い要望がない限り、定期的に機能検証とセキュリティチェックを行ったうえでアップグレード対応を行う

③ 社内の基幹システムなどの SoR 寄りのシステム

　　新機能は基本すべて OFF にする。明確な理由がない限りは原則 OFF のままだが、ON にする場合は周辺システムとの影響調査も含めて計画を立てて実施する

④ 全社で利用しているオフィス業務サービス

　会社で一般社員が扱うデータによる。金融のような重要インフラ業種の場合は SoR と同じ考え方になるが、一般社員があまり重要データを扱わない場合は積極的に新機能を利用させていく場合が多い

⑤ 機能追加や仕様変更が強制リリースされるサービス

　定期的に機能や仕様の確認を行い、必要なセキュリティチェックを行う。そもそも機能追加や仕様変更が強制リリースされるサービスを会社として許容するかを検討しておく必要がある

　会社で一律にルールを決める場合と、部署の特性ごとにいくつかのルールを用意した上で適用したほうがよい場合があるので、社内のユースケースを洗い出して方針検討を行うとよいでしょう。

展開ルールを確立する

　サービスや部署ごとの初動を決めた後は、展開ルールを決めていきます。先行展開が可能なサービスであれば、特定のメンバーに先行利用してもらい、展開によって発生する問題や課題を収集したほうがよいでしょう。先行展開時に確認することは以下となります。

・機能追加や仕様変更に対する疑問や課題とその解決方法をまとめて、FAQ やユーザーマニュアルに取り込む
・セキュリティリスクとなりえるような使い方がないかをユーザー目線で確認してもらう
・利用できなくなった関連サービスがないかを確認してもらう

　インパクトの大きい変更の場合、しっかりとした事前周知と、FAQ やユーザーマニュアルなどでユーザーの自己解決率を上げる仕組みを整えておかないと、サポートデスクへの問い合わせが集中することになります。ユーザー目線で自己解決率を上げる情報を収集するという意味でも、先行展開は有効な施策です。サービスで特定のユーザーにのみ新機能を使わせることができない場合、先行展開用の環境を作成するなどの対応が必要になります。

機能追加や仕様変更の情報を収集する仕組みを作る

　クラウドサービスの機能は、クラウド事業者のスケジュールでリリースされていきます。運用者が管理しようと思った場合、そのスケジュールを把握して、リリースされる機能が自分の会社にどのような影響を与えるのかを検討しなければなりません。そのためには、クラウドサービスの更新情報を確実に収集する方法を確立することが重要です。代表的な情報収集方法は以下となります。

・公式サイトから情報を入手する

　クラウドサービスを運用していく上で、公式サイトの情報を把握しておくのは非常に重要です。主要なクラウドサービスであれば、製品のロードマップが公開されていて、現在開発中やプレビュー中の機能を確認することができます。サポートと会話をする際も、公式ドキュメントや公式サイトの情報がベースになります。月次の予定として定期的に公式サイトを確認する仕組みを作りましょう。

・RSS フィードやメールなどで情報を入手する

　主要なクラウドサービスであれば、機能や最新情報について RSS フィードやメールなどで通知を受け取ることができます。通知をコミュニケーションツールなどに投稿するようにして、運用チーム全体で最新情報を追いかけられる仕組みを作っておくとよいでしょう。

・有料サポートを契約して定期的に情報をもらうようにする

　クラウドサービスの中には、ある程度こちらの使い方を理解したうえでアドバイスをもらえるサポートがあります。クラウド事業者以外でも、機能追加や仕様変更をまとめて連絡してくれるサポートを提供しているベンダーもあります。ミッションクリティカルな業務で利用している場合は、1 ランク上のサポートを契約することを検討してもよいでしょう。

・メーカーのカンファレンス、勉強会などに参加する

　メーカーのカンファレンスなどに参加すると、今後の展開やサービス実装を体系的に情報収集することができます。半年や 1 年に 1 回参加していけば、だいたい今後のサービスの傾向を把握することができるでしょう。こういった知

177

識のベースを積み上げていくことが、トラブル時の対応速度にもつながります。また、ユーザーの多いサービスであれば有志による勉強会が開催されていることもあります。最近はオンラインで開催されることも増えましたし、動画としてアーカイブされていることも多いので利用してみるのもよいでしょう。

・有識者のブログやSNSをフォローしておく

　実際に使っている人の記事を読んだり、話を聞くことで新たな示唆を得ることができます。クラウドサービスには、AWSであればHero、AzureであればMVPといったような、メーカーからエンジニアに与えられる「お墨付き」がありますし、また個人レベルでもさまざまな検証や情報提供を行っているエンジニアがたくさんいます。エンジニアという職業自体がひとつのギルドのような特性もありますので、みんなが公開している情報を得ながら、時間があればあなたもぜひ知識を広める側に回ってみてください。

課金や規約の変更に関する相談先を決めておく

　クラウドサービスの変更内容には課金や規約に関する変更も含まれています。製品情報や機能に関する変更であれば運用者の範疇で関連部署と協議すればよいですが、お金や契約の話は情報システム部門だけでは完結しない会社が多いでしょう。変更がどのような内容になるのかはその時になってみなければわからないので、相談先を決めるところまでを運用設計しておくとよいでしょう。

▶図　クラウドサービス変更管理の流れ

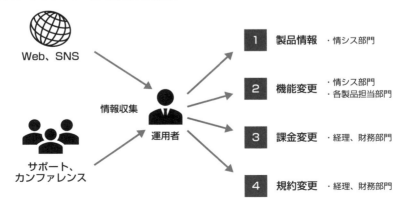

■**ナレッジ管理**

　社内全体でクラウドサービスを利用する場合、その企業独自のクラウドサービスの有効な使い方の事例や効率的な利用方法、規約の解釈の仕方などのナレッジを収集して共有することが重要になってきます。クラウドサービスが使える状態にあって、利用手順が準備されていても、実際に使っているシーンが想像できないと利用する社員は増えていきません。その場合、IT リテラシーが高く、自ら情報収集が出来る社員に率先してサービスを利用してもらい、利用事例を貯めていく必要があります。

　定額課金のサービスの場合、業務効率化に関するナレッジが増えれば、多くのユーザーが利用して費用対効果が向上します。逆に従量課金のサービスは、効率的に利用するナレッジが増えれば、必要な分だけ利用して費用を削減することができます。本項では、定額課金のオフィス業務サービスにおける効果的なナレッジ管理を考えてみましょう。

サービスごとにナレッジが集約している場所を決める

　ユーザーが何かを知りたいと思ったときに、まず見に行く場所を作ることで、ユーザーの自己解決率を向上させることができます。その場所を周知し続けることも重要です。特段、大げさな仕組みを作る必要はありません。もっとも古典的な方法だと、全社員がアクセスできる共有フォルダにサービスごとのフォルダを作り、利用手順や製品マニュアルを置いておくだけでも一定の効果があるでしょう。コラボレーションツールなどで FAQ サイトを構築するのもよいでしょう。どのやり方でも大切なことは、情報を集約させておく場所を決めて更新ルールを守るということです。ナレッジが整理されず散乱してしまえば、ユーザーはどこを見に行けばよいかわからなくなり、せっかく作ったフォルダやサイトは形骸化していくことでしょう。

部署や組織の中核となる人を集めて集合研修を実施する

　オフィス業務サービスの機能の使い方は、ショートカットキーと同じように、一度覚えてしまえばすぐに使えるようになるものがほとんどです。知っているか知らないかだけで生産性に差が出てきますので、サービスやツールに触れる機会を増やして、体得してもらえる仕組みを作るのが重要です。主要な機能の使い方

については、各部門のマネージャーを集めて集合研修するなどの施策が有効です。その人がハブとなって部門内に使い方を広めてくれることが期待できます。

コラボレーションツールや社内 SNS などに交流の場を作る

　コラボレーションツールや社内 SNS にサービスやツールに関する交流の場を作って、自分の利用方法を発表してもらうのもよいでしょう。活動が活発になれば、自主的なナレッジの共有が始まります。実際の業務に活かせるアイデアや効率的な使い方が広がれば、おのずと利用率も上がっていくことになります。こうした活動の初期段階は推進役が必要ですので、その役割を情報システム部門に求められることもあります。

■ **課金管理**

　オンプレミス時代の課金管理は、データセンターの利用料やハードウェア購入費用を案分するぐらいの内容だったので、わざわざ運用項目として取り扱うこともありませんでした。しかし、クラウドサービスでは利用料金が複雑かつ使用量などによって変動するので、しっかりと管理を考えなければいけなくなってきました。まずは課金の形態を把握しておきましょう。課金形態は、おおよそ以下の3つに分類されます。

▶ 表　課金の形態と支払方法

課金形態	概要	一般的な課金管理方法
従量課金	利用スペック、利用時間、データ量、ネットワーク帯域などに応じて使用した分が請求される課金形態	サブスクリプションを部署やプロジェクトごとに発行して支払い
		利用量を計算して案分して支払い
定額課金	クラウドサービスを利用する人数分のライセンスが定額発生する課金形態	部署ごとの利用人数を管理して支払い
		全社利用の場合は全社コストで支払い
追加課金	クラウドサービスにおける拡張機能サービスを追加し、その分の費用が発生する課金形態	利用しているユーザーを管理して使った部署で支払い

　社内で利用しているクラウドサービスが多くなってきた場合は、サービスごとに課金形態と課金方法を管理する必要が出てきます。管理は以下のような表で管理します。

▶表　課金管理台帳（例）

サービス名	課金形態	支払い方法	利用部署	ユーザー（代表者）	利用開始日	利用終了日
グループウェア A	定額課金	全社一括	全社員	総務部	2018/12/1	—
グループウェア A 追加機能	追加課金	利用部署	A 部署	鈴木　太郎	2020/3/2	—
グループウェア A 追加機能	追加課金	利用部署	A 部署	吉田　三郎	2020/3/2	2020/9/21
プロジェクト管理ツール B	定額課金	利用部署	B 部署	—	2020/4/1	—
プロジェクト管理ツール B	定額課金	利用部署	C 部署	—	2020/4/1	—
パブリッククラウド A	従量課金	サブスクリプション単位	D 部署	佐藤　次郎	2019/5/1	—
パブリッククラウド A	従量課金	サブスクリプション単位	E 部署	渡辺　花子	2019/5/1	—

　従量課金のクラウドサービスを多くの部署が利用している場合は、課金管理者を設置することも検討しましょう。課金管理者は、おもに以下のような役割を担います。

・急激に利用料金が増加している部署を発見し、想定外のコスト増加を防ぐ
・課金だけされていて使われていないサービスを見つけ出し解約する
・サービスを利用していない時間のサービスを停止して、従量課金によるコスト増を抑える
・長期間利用が確定している仮想マシンはリザーブドインスタンスに変更するなど、サービスの利用方法に応じた契約形態へ変更していく
・サービスの効率的な利用方法を周知／徹底させる

　AWS、Azure、GCP のようなパブリッククラウドは単体でもすでに課金体系や支払い方法などが難解ですが、複数のクラウド事業者と契約している場合はさらに複雑になります。マルチクラウドでシステムを運用し始めると、課金管理に特化した役割も必要となってくることが想定されます。従来であればお金の話は情報システム部門の管轄ではなかったのですが、クラウドサービスの課金管理はその利用方法に詳しい人材でないと難しいため、情報システム部門がフォロー、

もしくは主体的に関与していく必要があります。また、課金管理は運用コストを
コントロールする役割も持つため、クラウドサービス導入に合わせて検討する必
要があります。

■その他の変更点

　最後に、運用管理における変更／リリース管理、ナレッジ管理、課金管理以外
の変更点についてまとめておきます。

サービスレベル管理

　クラウドサービスを組み合わせて顧客にサービスを提供する場合、クラウド事
業者が提示しているサービスレベルを確認しておく必要があります。利用してい
るサービスの可用性が 99.9％なのに、それを利用して作っている自社のサービ
ス可用性を 99.95％と提示することはできません。可用性を向上させたい場合は、
複数リージョンでサービスを契約するなどの対応が必要になります。

　また、複数のクラウド事業者のサービスを組み合わせて利用している場合は、
それぞれのサービスレベルを把握しておきましょう。

可用性／キャパシティ管理

　ほとんどのクラウドサービスが可用性を選択できるようになっているかと思い
ます。高可用性を選択すれば、冗長構成が組まれて複数リージョンでロードバラ
ンシングすることもできます。ただしそれなりにお金がかかりますので、構築す
るサービスに求められる可用性に合わせて検討する必要があります。キャパシ
ティについてはオンプレミスとそれほど考え方は変わりません。確認対象の数は
減りますが、一定の数値を超えるとサービス提供に影響が出る項目があれば、監
視もしくは定期的に管理コンソールから確認する必要があります。

情報セキュリティ管理

　クラウドサービス上でのデータ管理については、クラウドサービスの規約に従
うしかありません。クラウドサービスの利用については、接続方法や監査ログの
確認などが必要になります。情報セキュリティ対応については 6 章で詳しく解
説します。

IT サービス継続性管理

　各クラウドサービスで推奨される BCP（Business Continuity Plan：事業継続計画）対策が提示されているので、まずはそれらを確認してください。究極的にはマルチクラウドを利用しつつ、自社オンプレミスでも同様なシステムを構築しておいて、障害時に切り替えできるようにしておくことも可能だと思います。ただ、本当にそこまで必要なのか、どこからのリスクを許容するかについては社内で検討して合意しておくことが重要です。

インシデント／問題管理

　インシデント管理や問題管理については、オンプレミスと考え方の違いはあまりありません。ハードウェアや OS の監視がなくなるため、アラートによるインシデントは減ると思われます。ユーザーからの問い合わせなどは変わらないため、インシデント管理から問題管理へエスカレーションして問題を対応していく流れは変わりません。

構成管理

　保守契約管理と同じく、ハードウェア、OS、ミドルウェアの保守契約は不要となるので管理対象は減ります。

ここがポイント！

変更／リリース管理、ナレッジ管理、課金管理については、すぐにでも見直せる箇所は見直しておきたいですね

5.4 クラウドサービス（SaaS）の運用設計方法

　本項でクラウドサービスの運用設計について、SaaS 導入を例にして説明します。PaaS は SaaS よりも少し設計範囲が広くなりますが、基本的な考え方は同じです。IaaS の運用設計はオンプレミスと同様になるため、詳しくは、前著の『運用設計の教科書』を参照してください。

　設定が簡単な SaaS はサービス導入プロジェクトが組まれずになし崩し的にサービス開始となる場合があります。そういった場合は、運用設計を運用チームで行わなければならないケースも増えてきます。今回は単体で機能する SaaS を情報システム部門で導入して、自社の社員に利用してもらうための運用設計方法を考えてみましょう。

▶図　SaaS における管理範囲

データ	データ	データ	データ	SaaS はユーザーが利用するデータの管理がメインとなる
アプリケーション	アプリケーション	アプリケーション	アプリケーション	
ミドルウェア	ミドルウェア	ミドルウェア	ミドルウェア	
OS	OS	OS	OS	
仮想化ソフトウェア	仮想化ソフトウェア	仮想化ソフトウェア	仮想化ソフトウェア	
ハードウェア	ハードウェア	ハードウェア	ハードウェア	
オンプレミス	IaaS	PaaS	SaaS	

5.4.1　製品マニュアルから運用設計する

　今回は導入のためのプロジェクトチームがいない前提なので、要件定義書、基本設計書、システム構成図などに該当する情報を製品マニュアルから収集していきます。

● 図　SaaS 導入時にインプットとなるのは製品マニュアル

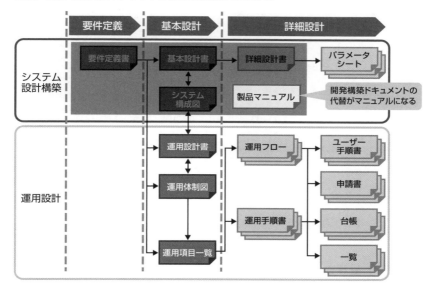

　クラウドサービスのマニュアルは、ほとんどが Web で公開されています。一般的なマニュアルには以下の内容が記載されています。

・製品、サービスの概要
・既存製品や既存サービスとの違い
・導入方法
・機能と操作方法
・製品仕様、制限事項
・トラブルシューティング
・リリースノート

　これらの情報から、サービスを構築／運用していくために必要な情報を選別しなければなりません。サービスを構築／運用するための項目は、おもに以下の表の 5 つに分類されます。

●表　製品マニュアルに記載されている内容の分類と利用ケース

内容の分類	おもな利用シーン	情報を取りまとめるドキュメント
サービスを利用するための把握する知識や前提条件	ユーザーがサービス利用を開始する時	ユーザー利用ガイド、ユーザー利用手順書
サービスを利用するための手順	ユーザーがサービスを利用する時	ユーザー利用手順書
サービスを導入するための前提条件設定／手順	情報システム部門がサービスを構築する時	パラメータシート、構築手順
運用開始後に利用と管理をつなぐもの	ユーザーがサービスの不明点を調べる時	運用フロー、FAQ ／ナレッジサイト
サービスを維持するための項目／手順／台帳など	情報システム部門がサービスを運用する時	運用項目一覧、運用手順書、台帳、一覧

　続いて、それらの情報をどのように分類し、ドキュメンテーションしていくかを考えてみましょう。

5.4.2　製品マニュアルの情報を分類する

　製品マニュアルに書かれている内容を、先ほどの分類に当てはめて必要な情報をまとめていくことが SaaS での運用設計となります。具体的に以下のステップで設計を進めていきます。

① 製品マニュアルの目次を Excel などで一覧にする
② 目次と内容から分類のマトリクス表と運用項目一覧を作成していく
③ マトリクス表と運用項目一覧から必要なドキュメントを導き出して作成する
④ ユーザーにドキュメントを配布し、必要であれば集合研修を実施する
⑤ 導入時のナレッジや、先行展開での質問をまとめて FAQ ／ナレッジサイトを作成する

　具体的に 1 つずつ内容を確認していきましょう。

■①製品マニュアルの目次を Excel などで一覧にする

　クラウドサービスのマニュアルは Web サイトが多いです。検索性は良いのですが、追加で情報を書き加えたり、新たにグルーピングし直すことに向いていま

せん。マニュアルの全体像を把握するために、目次をコピーして Excel などの表計算ソフトに貼り付け、一覧を作ります。

　一覧にしたらまず、内容が重複している箇所や運用設計に関係ない箇所を特定して「対象外」フラグを立てていきます。おもにシナリオに沿った導入方法紹介やリリースノートなどになります。

◉表　目次に対象外のフラグを立てる

目次	対象外	対象外の理由
サービスの概要	－	－
サービスのコンセプト	－	－
〜〜〜〜	－	－
サービスの仕様／設定	－	－
〜〜〜〜	－	－
データ移行シナリオ	●	操作方法と内容重複
〜〜〜〜	●	操作方法と内容重複
操作方法	－	－
〜〜〜〜	－	－
セキュリティと制限事項	－	－
〜〜〜〜	－	－
トラブルシューティング	－	－
〜〜〜〜	－	－
リリースノート	●	リリースノートのため
〜〜〜〜	●	リリースノートのため

■②目次と内容から分類のマトリクス表と運用項目一覧を作成していく

　目次から記載内容がだいたい把握できたところで、マニュアルの内容をどのドキュメントに反映していくかを分類するマトリクス表を作成していきます。申請フロー図、運用手順書、アカウント管理台帳などは運用項目一覧をまとめることによってどのように作成するかが決まってきます。

　そのため、この時点で反映を検討するドキュメントは、ユーザー向けとして「サービス利用ガイド」「サービス利用手順書」、構築運用向けとして「パラメータシート」「運用項目一覧」、両者が共有するものとして「FAQ ／ナレッジサイト」となります。

▶ 表　内容を反映するドキュメントにあたりをつける

| 目次 | 対象外 | 対象外の理由 | ユーザー向け | | 構築運用向け | | 共有 |
			サービス利用ガイド	サービス利用手順書	パラメータシート	運用項目一覧	FAQ ／ ナレッジサイト
サービスの概要	―	―	●	―	―	▲	―
サービスのコンセプト	―	―	●	―	―	▲	―
～～～～	―	―	●	―	―	▲	―
サービスの仕様／設定	―	―	―	―	●	▲	―
～～～～	―	―	―	―	●	▲	―
データ移行シナリオ	●	操作方法と内容重複	―	―	―	―	―
～～～～	●	操作方法と内容重複	―	―	―	―	―
操作方法	―	―	―	●	―	▲	―
～～～～	―	―	―	●	―	▲	―
セキュリティと制限事項	―	―	●	―	―	▲	―
～～～～	―	―	●	―	―	▲	―
トラブルシューティング	―	―	―	―	―	▲	●
～～～～	―	―	―	―	―	▲	●
リリースノート	●	リリースノートのため	―	―	―	―	―
～～～～	●	リリースノートのため	―	―	―	―	―

※ ▲は内容を読み込んで採用可否を検討する。

　それでは、具体的にどのような項目を各ドキュメントに反映していくのかを説明していきましょう。

サービス利用ガイド

　サービスを利用するにあたって、ユーザーが把握しておいたほうがよい情報が記載してあるドキュメントになります。サービスを導入した経緯、このサービスでどんなことが可能になるのか、サービスのコンセプトや自社としての利用方針など、利用にあたっての前提となる情報をまとめておきます。利用できる環境が限定されていたり、使用できるブラウザが限定されているといった仕様による制限があればそれらも記載しておきます。また、不具合発生時の問い合わせ先や、クラウド事業者から提示されているサービスレベルなども記載しておきましょう。

サービス利用手順書

　ユーザーがサービスを利用するための手順をまとめます。クラウドサービスは画面構成や表示内容が頻繁に変わります。画面イメージを取得したわかりやすい手順書を作っても、半年後には画面レイアウトが変われば手順が違うものになってしまいます。そのたびに画面を取り直し変更を周知するのは、それなりに運用コストがかかってしまいます。ユーザーのITリテラシーにもよりますが、操作手順はテキスト中心の記載にしたり、マニュアルを参照する形にしたほうが手順書更新コストを抑止することができます。もし簡単に画面を録画して公開する環境があるなら、手順書は廃止して操作動画をナレッジサイトへ公開してもよいでしょう。

パラメータシート

　サービス開始にあたって、設定のデフォルト値と変更した箇所をまとめておきましょう。クラウドサービスでは機能追加や仕様変更が頻繁にあるので、意外とメンテナンスに手間がかかる資料になります。バックアップ／リストアの観点では、システムバックアップがないサービスの場合、パラメータシートはリストア手順書になります。障害やトラブル発生時にサポートに問い合わせをするための情報にもなりますので、最新の情報を維持する優先順位の高いドキュメントのひとつです。

運用項目一覧

　サービス開始後の維持管理のために必要な作業を洗いだしてまとめます。運用項目については、マニュアルのどこに運用項目が埋まっているかわからないため、以下の観点で丹念に探していきます。

● 表　運用項目の洗い出し観点

運用分類	運用項目	確認観点	検討する運用内容
業務運用	ユーザー申請	・サービスの機能を利用するために管理者作業を行う必要があるか?	ユーザー申請（サービス開始／変更／停止）
	定期作業	・証明書のように期限などがあり、定期的に交換が必要な作業があるか?	定期定型作業
	アカウント管理	・ユーザーが変わることによって、設定変更や権限変更が必要か?	ユーザーアカウント管理
基盤運用	パッチ運用	・定期的にアップグレードがあるか?	アップグレード対応フロー
		・アップグレードする際にバージョンなどの依存関連がある他システムがあるか?	変更／リリース管理（関連システム正常性確認）
	ジョブ／スクリプト運用	・定期的に自動実行する処理はあるか?	自動実行管理（障害時のエラー対応など）
		・外部のジョブ管理システムを利用して自動実行させる処理があるか?	ジョブ管理
	バックアップ／リストア運用	・設定情報やデータをエクスポートでき、定期的に実施する必要があるか?	バックアップ方針
		・ユーザーからの依頼トリガーでリストアしなければならないデータがあるか?	ユーザー申請（データリストア）
	監視	・キャパシティを超えると障害が発生したり、スケールアップを検討する必要はあるか?	キャパシティ監視
		・外部からサービスを監視する必要があるか?	サービス監視
		・定期的にヘルスチェック画面などを見る必要があるか?	定期定型作業
		・ユーザーから監視を変更依頼が発生するか?	ユーザー申請（監視変更）
		・エラー検知を受け取った後の対応フローがまとまっているか?	インシデント管理（フロー）
	ログ管理	・障害調査に必要なログがどこに出力されているか?	インシデント管理（障害調査）
		・監査ログはセキュリティポリシーに従った期間保管される仕組みになっているか?	監査ログ対応
		・ユーザーからの依頼トリガーでログ提出しなければならないログはあるか?	ユーザー申請（ログ提出）
	運用アカウント管理	・サービス独自で管理しなければならない管理者アカウントは存在するか?	運用アカウント管理の有無
		・管理者や変わることによって、設定変更や権限変更が必要か?	運用アカウント管理方法
	保守契約管理	・サービス個別で保守契約を結ぶ必要があるか?	保守契約管理

　運用項目として確認すべき観点としては、利用するために作業が必要、もしくは何か状態が変化したら対応が必要な場合となります。

　運用項目一覧は後続のドキュメント作成の総量に影響を与える重要なドキュメ

ントなので、完成したら複数人でレビューを行い検討漏れがないかチェックしましょう。

FAQ ／ナレッジサイト

　マニュアルに記載してあるトラブルシューティングと合わせて、サービス導入時や運用設計時に判明したナレッジがあれば登録しておきます。詳細については、後述の⑤にて記載します。

■③マトリクス表と運用項目一覧から必要なドキュメントを作成する

　マトリクス表で記載を検討した「サービス利用ガイド」「サービス利用手順書」「パラメータシート」「運用項目一覧」「FAQ ／ナレッジサイト」以外に作成するドキュメントは、運用項目一覧から導き出されます。サービスを管理していく上で必要なフロー、手順、台帳、一覧などを作成しておきましょう。詳細なドキュメント作成方法は、前著『運用設計の教科書』を参照してください。

■④ユーザーにドキュメントを配布し、必要であれば集合研修を実施する

　ユーザー向けに作成したドキュメントは配布して使ってもらう必要があります。ただ配布しただけでは、しっかり読んでくれるユーザーは少なく、サービス利用率が上がらない可能性があります。利用率はサービスの利用継続判断の重要な指数となりますので、会社として積極的に使っていく方針であれば、全体のハブとなるユーザーに集合研修を行ったほうがよいでしょう。

　研修用の動画を作成して観てもらうという手もありますが、自主性に任せているという点ではドキュメント配布と変わらないため、それだけでは不十分です。いまの時代であれば、オンラインで大規模に開催することも可能ですので、できる限りライブで研修を実施することをお勧めします。

■⑤導入時のナレッジや、先行展開での質問をまとめて FAQ ／ナレッジサイトを作成する

　先行展開などを行っている場合は、その際によく来た質問とその回答を FAQに載せておくとよいでしょう。クラウドサービスは頻繁に機能追加や仕様変更が起こりますので、それらの情報を管理者とユーザーが共有する場所を用意してお

くことは重要です。また、頻繁に起こるトラブルは同じサービスを利用している人すべてに起こる可能性があります。それらの情報を共有して、ユーザーの自己解決率を向上させて、サポートデスクへの問い合わせ数を減らす活動をする必要があります。

　サイトを作成したら、サービス利用ガイドやサービス利用手順書に FAQ へのリンクを載せるなどして、ユーザーの自己解決率が上がるような導線を用意しておきましょう。複数のチームでナレッジや FAQ を更新する場合は、更新するルールも合わせて決めておきます。できればサービス開始前に、FAQ やナレッジが公開できるサイトを構築しておきましょう。

5.4.3　SaaS の運用設計で作成するドキュメント相関図

　マニュアルを頂点としたドキュメントの相関図は以下となります。

▶図　SaaS 運用設計時のドキュメント相関図

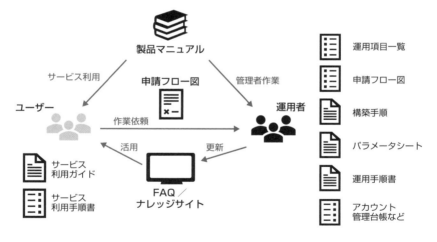

▶ 表　作成するドキュメントの概要

ドキュメント名	ユーザー	概要
サービス利用ガイド	ユーザー	サービスを利用するにあたって知っておいた方が良い情報がまとめられたもの
サービス利用手順書	ユーザー	サービス利用時によく使う手順をまとめたもの
構築手順	運用者	サービス導入時の手順をまとめたもの
パラメータシート	運用者	サービス導入時の設定項目をまとめたもの
運用項目一覧	運用者	サービスを活用／維持していくために必要な作業をまとめたもの
運用手順書	運用者	運用項目を実施するために必要な手順をまとめたもの
台帳／一覧	運用者	サービスを管理するために必要な情報をまとめたもの
申請フロー図	ユーザー／運用者	ユーザーと運用者のやりとりをまとめたもの
FAQ ／ナレッジサイト	ユーザー／運用者	導入している企業特有の使い方、よくある質問、有効な活用方法をまとめたサイト

　基本設計書や運用設計書を作成してもよいですが、単体で利用する SaaS の場合は製品マニュアルと内容がほぼ同じになってしまうため省略しても問題ありません。体制図については、既存の運用体制で実施する想定なので本説明からは省略します。

　SaaS の運用設計方法を説明してきましたが、考え方はパッケージソフトの導入などでも同じです。いくつかの SaaS を組み合わせて新たなサービスを作り上げる場合もこの延長線上にあります。機能や仕様から運用項目を導き出す作業は、何度もやればやるほど精度が上がっていきます。マニュアルや設計書を読み解く作業は時間のかかる地味な作業ですが、手を抜かずしっかりとやることで効率的で漏れの少ない運用設計ができるようになります。

ここがポイント！

大規模なシステム導入プロジェクトではなくなったぶん、運用設計の重要度は増していきそうですね

5.5　まとめ

　5 章を通してクラウドサービス運用に必要なことを説明していきました。最後に 5 章のキーメッセージをまとめておきましょう。

・クラウドサービスが増えていく理由は、手軽にすぐに始められるため
・オンプレミスからのクラウドへの移行はリフトとシフトがあって、シフトするとかなりの運用項目の削減が見込まれる
・仮想サーバーが 1 台でもあったら、オンプレミスとほぼ変わらない基盤運用設計が必要となる
・運用管理で大きく変わるのは、変更／リリース管理、ナレッジ管理、課金管理
・SaaS を運用設計する場合は製品マニュアルが 1 次ソースとなる

　続いて 6 章では、運用で必要となる最低限の情報セキュリティについて解説していきましょう。

第 **6** 章

運用における
情報セキュリティ対応

6.1 情報セキュリティの基本的な考え方

　IT サービスで扱う業務が増えれば増えるほど、マルウェア感染や不正アクセス、機密情報の流出などのリスクが高まっていきます。一度でもセキュリティインシデントが発生すると、サービスの一時停止、ユーザーへの対応、再発防止の対策検討など、莫大な損害とリソースが消費されることになります。それらのリスクを減らすために、組織全体で情報セキュリティへの対策を検討しなければなりません。

　セキュリティ対策は、顧客の個人情報や企業の機密情報などの重要データを守り、攻撃を受けても被害を最小限に食い止める活動です。企業内のすべての情報を守ろうとすると、莫大なコストがかかります。そのため、まずは絶対に守らなければいけない重要データを CISO（Chief Information Security Officer：最高情報セキュリティ責任者）や情報セキュリティ委員会などで決定し、対応方針をセキュリティポリシーとしてまとめていきます。セキュリティポリシーがまとまったら、ポリシーを順守する形で重要データを守る方法（アーキテクチャ）を考えていきます。アーキテクチャが固まったら、セキュリティインシデントに対する手順をまとめて、CSIRT（Computer Security Incident Response Team）を組織して対応を行っていくことになります。CSIRT と併わせて、サイバー攻撃を監視し、セキュリティインシデントを検知する SOC（Security Operation Center）も構築します。

　情報セキュリティの分野の知識は幅広く、本来それだけで何冊もの専門書が必要となる内容です。本書では運用として最低限知っておいた方がよいセキュリティの考え方、アーキテクチャ、インシデントに備える運用整備の方法、セキュリティインシデント情報の取りまとめ方を解説していきます。関連する資料等も紹介していくので、本章をきっかけに知識を深めていってください。

　まずは重要データの入口と出口、クラウドサービスも含めたサービス間での
データ保護の考え方について説明していきます。

6.1.1　セキュアコーディングとゼロトラスト

　サービスを利用するために顧客が個人情報を入力したり、営業社員が取引先情
報を入力することによって、自社内に重要情報が蓄積されていくことになります。
それらの情報をもとに営業社員がセールス活動を行ったり、開発社員が新たな
サービス開発やサービスの改修を行うことで、売り上げ向上や新たな価値の創出
が行われます。

　こういった活動が行われる中で、インターネット回線を経由するデータのやり
取りを行うこともあるため、サービス間のデータ保護も重要になります。運用と
しては、入口、出口、サービス間のやり取りそれぞれで、必要に応じてアクセス
ログ、監査ログ、作業証跡のログなどを取得して、一定期間保管していかなけれ
ばなりません。

▶ 図　データの入口／出口とおもな経路

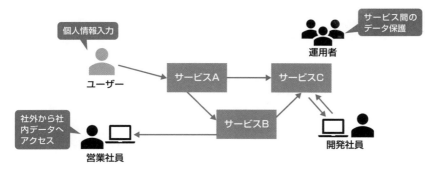

　データの入口は、セキュアコーディングを意識して、プログラム自体に脆弱性
がないように作成する必要があります。セキュアコーディングについては、
JPCERT/CC で資料が展開されているのでプログラミングをする際は参考にし
てください。

・JPCERT/CC　セキュアコーディング
　https://www.jpcert.or.jp/securecoding/

　データの出口とサービス間のデータ保護に関しては、これまでの「社内ネットワーク内は安全である」という境界型のセキュリティ対策から、「だれも信用せず、必ず検証してからアクセスを許す」という**ゼロトラスト**（ZT：Zero Trust）という考え方が浸透してきました。ゼロトラストでは、個人、デバイス、サービス、データなどリソースをできるだけ細かく分割して、それぞれについて認証／認可を行うことでセキュリティを担保していきます。ゼロトラストを実現することによって、自分に必要なサービスへ社内外を意識せずにアクセスすることが可能となります。

▶図　ゼロトラストの考え方（例）

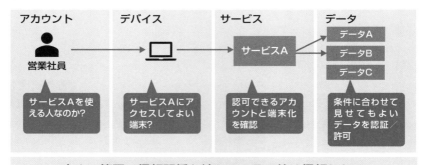

　ゼロトラストの概念と内容を正しく理解するのは難しいですが、リモートワーク推進などの動きもあり、今後は導入されていく企業は増えていくはずです。参考資料としては、2020 年 8 月に米国国立標準技術研究所（NIST）が発表した「Special Publication（SP）800-207 ゼロトラスト・アーキテクチャ」があります。この資料は PwC コンサルティング合同会社にて、日本語訳も作成されています。少なくとも、SP800-207 の 2 章の「ゼロトラストの基本」については目を通しておくとよいでしょう。

・NIST SP800-207「ゼロトラスト・アーキテクチャ」の解説と日本語訳
https://www.pwc.com/jp/ja/knowledge/column/awareness-cyber-
security/zero-trust-architecture-jp.html

　以下、ゼロトラストについて理解する上で一番重要となる「ゼロトラストの考え方」と「ネットワークのゼロトラスト観点」の見出しの抜粋です。詳細については、ぜひ先ほどの URL から原典をご参照ください。

2.1　ゼロトラストの考え方
1. すべてのデータソースとコンピューティングサービスをリソースとみなす
2. ネットワークの場所に関係なく、すべての通信を保護する
3. 企業リソースへのアクセスは、セッション単位で付与する
4. リソースへのアクセスは、クライアントアイデンティティ、アプリケーション／サービス、リクエストする資産の状態、その他の行動属性や環境属性を含めた動的ポリシーにより決定する
5. すべての資産の整合性とセキュリティ動作を監視し、測定する
6. すべてのリソースの認証と認可を動的に行い、アクセスが許可される前に厳格に実施する
7. 資産、ネットワークインフラストラクチャ、通信の現状について可能な限り多くの情報を収集し、セキュリティ態勢の改善に利用する

2.2　ネットワークのゼロトラスト観点
1. 企業のプライベートネットワークは、暗黙のトラストゾーンとみなさない
2. ネットワーク上のデバイスは、企業が所有していないか、構成可能なものではない場合がある
3. どんなリソースも本質的に信頼されるものではない
4. すべての企業リソースが企業のインフラストラクチャ上にあるわけではない
5. リモートの企業主体と資産は、ローカルネットワークの接続を完全に

> 　信頼できない
> 6. 企業のインフラストラクチャと非企業のインフラストラクチャとの間
> 　で移動する資産とワークフローには、一貫したセキュリティポリシー
> 　が必要

※引用（見出しの抜粋）：Scott Rose、Oliver Borchert、Stu Mitchell、Sean Connelly 著／PwC コ
　　　　　　　　　　ンサルティング合同会社 訳『NIST Special Publication 800-207 Zero
　　　　　　　　　　Trust Architecture』p.6-8／NIST／2020 年

6.1.2　クラウドサービスのセキュリティ

　オンプレミスとクラウドサービスを併用したハイブリッドクラウドや、複数の
クラウドサービスを利用するマルチクラウドの場合、サービス間でデータ共有を
することがあるため、データ連携時の保護や各サービスの責任範囲を理解してお
く必要があります

　それぞれのクラウド事業者から、「利用者と事業者でセキュリティ責任を共有
する」という考え方の責任共有モデル（または、共同責任モデル）と、セキュリ
ティの担保するベストプラクティスが提示されています。「製品名 セキュリティ
ベストプラクティス」で検索すれば、各サービスのベストプラクティスが検索で
きるので、自社の使い方に合わせて、必要なセキュリティ対策を実施しておきま
しょう。

　セキュリティの強化とコストは、基本的にトレードオフになります。ゼロトラ
ストの推進、クラウドサービスのセキュリティ強化を進めていくにも、新たなセ
キュリティ製品やサービスの導入、新しいログの監視や管理が必要になります。
セキュリティ強化は長い旅ですので、少しずつ理解を深めながら、予算を確保し
て改善を続けていくことが大切です。

　次はセキュリティの観点から、サービス共通で検討しておかなければならない
運用項目について解説していきましょう。

ここがポイント！

> ゼロトラスト・アーキテクチャの概念もだいぶ固まってきているので、
> しっかりと把握しておきたいですね

Column **重要インフラ14分野**

　業種が異なれば情報セキュリティの考え方や運用方針の前提から違いが出てきます。インターネットのITに関する記事などを読んで「うちの会社ではこんなことできないな……」と感じることがあるかもしれませんが、そういった場合はそもそも業種が違いすぎていることが多いかと思います。他社事例を参考にする場合は業種を意識して、その企業が扱う情報が自社と類似性があるかを見極める必要があります。

　なかでも、セキュリティインシデントの発生によってサービス停止が許されないような公共性が強い業種では、他の業種よりも高度な情報セキュリティ対策が求められます。それが、内閣サイバーセキュリティセンター（NISC）が定める以下の14分野です。

- ・情報通信　　　　・政府・行政サービス
- ・金融　　　　　　・医療
- ・航空　　　　　　・水道
- ・空港　　　　　　・物流
- ・鉄道　　　　　　・化学
- ・電力　　　　　　・クレジット
- ・ガス　　　　　　・石油

　これらのシステムで何か重大な問題が発生すれば、国民全体に知らせなければならないような重要なシステム障害となってしまいます。これらの業種の運用を行っている方は、NISCのサイトに重要インフラを扱ううえでの情報セキュリティに関することがまとまっているので、一読しておくことをお勧めします。

- ・内閣サイバーセキュリティセンター「重要インフラの情報セキュリティ対策に係る第4次行動計画」
  https://www.nisc.go.jp/active/infra/outline.html

6.2 セキュリティとして検討しなければならない運用項目

　検討しなければならない運用項目については、NISC の「重要インフラにおける情報セキュリティ確保に係る安全基準等策定指針（第 5 版）」の「運用時のセキュリティ管理」に記載されている内容をもとに、もう少し具体的に考えてみましょう。実際にセキュリティの運用ルールを見直す際には、安全基準指針にもぜひ目を通してください。

・重要インフラにおける情報セキュリティ確保に係る安全基準等策定指針（第 5 版）
https://www.nisc.go.jp/active/infra/pdf/shishin5.pdf

　記載されている内容を開発構築と運用に分類すると以下になります。

▶ 表　運用上検討しなければならない項目

検討項目	開発構築で検討	運用で検討
運用の手順及び責任	・保守や修理の際に用いるツール類は承認及び管理されたものを準備する ・運用環境は開発環境や試験環境等と分離する	・セキュリティ基準を満たした運用手順書を準備する ・セキュリティ対策への悪影響を抑えるため、責任者への承認手続きを含む変更管理プロセスを定め実施する
マルウェアからの保護	・マルウェアを検出及び予防する仕組みをあらかじめ整備しておく ・マルチエンジン型のマルウェア検知ソフトやホワイトリスト型のマルウェア無効化機能の活用も検討する	・マルウェアに感染した場合、早期回復を図るための対策及び手順を確立する ・委託先等が持ち込む PC やデバイスがマルウェア感染している可能性も考慮する
バックアップ	・システムイメージやデータ等に対するバックアップの方針及び手順をあらかじめ整備する ・バックアップは十分な量を取得することができるように準備する	・定期的なバックアップリカバリー検査を実施する
ログ取得	・ログの容量を検討する際は、ログの可用性について考慮する	・イベントログや運用担当者の作業ログを記録する ・ログの性質に応じた定期的な検査を行う

運用ソフトウェアの管理	・運用ソフトウェアのバージョンの更新が困難である場合は補完的な措置を講じる	・運用ソフトウェアの個々の設定について可能な限り把握・理解し、安全性の確保に努める ・運用ソフトウェアはサポート対象バージョンへの更新を計画的に実施する
技術的脆弱性管理	―	・技術的脆弱性に関する情報を日頃から収集し影響の有無を確認する ・重要システムでは定期的な脆弱性スキャンを実施する ・パッチ適用の影響確認が必要なため、その作業方針と作業内容をあらかじめ確立する ・緊急パッチ適用が要求される状況においても、最低限実施すべき確認テストの項目を整理し実施する ・緊急パッチ適用が困難な場合においては、監視を強化するなどの補完的な措置を講じる

※参考：サイバーセキュリティ戦略本部『重要インフラにおける情報セキュリティ確保に係る安全基準等策定指針（第5版）』p.13「（カ）運用時のセキュリティ管理」／ NISC ／ 2018年
https://www.nisc.go.jp/active/infra/pdf/shishin5.pdf

　新たにサービスを導入する際に全社の運用ルールとして、これらの方針が決まっていれば迅速なサービス導入が可能となります。逆に決まっていないと、サービスごとにセキュリティ対策を検討しなければならなくなるのでかなり非効率です。まず、運用で検討する内容を中心に、各項目を解説していきましょう。

6.2.1　運用の手順および責任

　セキュリティを担保するためには、日々の運用の中でもセキュリティを意識しておく必要があります。そのために検討するのは以下の2項目となります。

■セキュリティ基準を満たした運用手順書を準備する

　手順通りに正しい作業をしていても、その手順にセキュリティ基準を満たしていない手順が含まれていたら、意識せずに重要情報を危険にさらしてしまう可能性があります。手順通りに重要データをメールに添付して社外へ送付してしまったり、手順通りに許可されていないクラウドストレージへアップロードしてしまうかもしれません。そのようなことを減らすためにも、社内のセキュリティポリシーと運用手順書の突合せは重要となります。

　理想としては、初回作成時にセキュリティポリシーと運用手順書の突合せを行

い、以降はセキュリティポリシー変更ごとに手順の見直しをかける方法です。

▶ 図　更新内容を一括反映

　運用手順書が大量にあり、ポリシー変更時に運用業務を行いながら更新する時間が取れない場合もあります。作業頻度がそれほど多くない非定期の作業手順書も含めて、すべてを更新するのは非現実的な場合もあるでしょう。その場合は、高頻度で利用する手順書を定義しておき、高頻度手順書はすぐに修正して、残りの手順書は利用する直前に手順に反映していく方法も考えられます。そのためには、まずセキュリティポリシー更新内容から運用手順に影響ある項目を箇条書きにして、反映する情報をリスト化して整理しておきます。

　次に、運用ドキュメント一覧で高頻度手順書の可視化と更新履歴の管理を行います。運用ドキュメント一覧に「更新反映」の列を追加して、更新作業実績を管理しておきましょう。

▶ 図　更新内容を順次反映

■ **変更管理プロセスを定め実施する**

　変更作業を行うと、意図せずセキュリティに悪影響を与えてしまう場合があります。特にネットワークに関わる作業や監視の変更は、予期せぬ外部との通信を可能にしてしまったり、必要だったセキュリティアラートを止めてしまったりする可能性があります。そのようなことが起こらないために、特定の作業については変更プロセスの承認前にセキュリティチェックの観点を含める必要があります。

▶図　変更管理プロセスのセキュリティチェック箇所

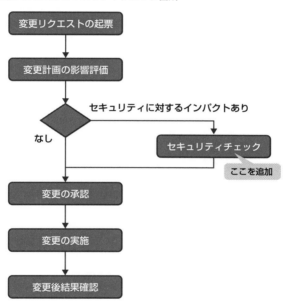

　すべての変更作業に対してセキュリティチェックを行うのが理想ですが、変更作業の量が多かったり、セキュリティ人員が不足している場合は対象を絞ったほうが効果的な対応ができます。ある程度セキュリティチェック項目がまとまってきたら、作業者で変更リクエスト時にセルフチェックして、チェックリストをエビデンスとして提出してもらう方法も効果的でしょう。

6.2.2　マルウェアからの保護

　マルウェアからの保護としては、感染時の対応と外部からのデータ持ち込み、メール等の検知に対する対策などが検討されます。

■マルウェアに感染時のフローをまとめる

　サーバーを含めてマルウェア対策ソフトや IDS/IPS（不正侵入検知システム / 不正侵入防止システム）などで、セキュリティインシデントを発見した場合にどうするかを事前に決めておきましょう。おそらく企業内のノート PC などの対応は決まっているかと思いますので、原則はそちらに準ずることになるかと思います。サービスごとに決めておかなければならない内容は以下となります。

・発見時の初動対応
・エスカレーション先
・復旧方針
・痕跡確認の手順

　特に復旧方針と痕跡確認の手順は管理しているサービスが持つコンポーネントによって違ってくるので整理が必要です。

■外部持ち込み PC やデバイスのマルウェアチェック

　特に重要なシステムの場合、業務委託先や保守ベンダーなどが持ち込む PC やデバイスなどがマルウェアに感染していないかをチェックする必要があります。その際は専用の検疫ネットワークを作り、持ち込み時に端末のマルウェアのチェックをする仕組みなどを構築して対応しましょう。

6.2.3　バックアップ

　セキュリティインシデントの復旧として、ほとんどの場合バックアップデータからのリストアが実施されます。基本的には障害対応や作業ミスなどで取得している対応と同じです。重要システムでは、長期間マルウェアに感染した状態からの復旧も視野に入れたバックアップ方針を検討する必要があります。

■定期的なバックアップリカバリー訓練を実施する

　本番稼働後はなかなか実施が難しいかと思いますが、検証環境などでバック
アップリカバリーの訓練を実施しておくと運用者の心理的な負担が軽減されま
す。セキュリティインシデント発生時という状況下で、ほとんど実施したことの
ないリカバリー作業を実施することは、緊張によりミスを起こしてしまう可能性
があります。そのような状況でもリカバリー作業に慣れていれば、緊張は軽減さ
れます。有事に備えて、運用項目として定期的に訓練を実施することをお勧めし
ます。

6.2.4　ログ取得

　ログの取得はインシデントのトレーサビリティ（追跡可能性）の確保のために
重要です。いざという時に何が起こったのかを追跡するためのログを取得してお
く必要があります。

■イベントログや運用担当者の作業ログを記録する

　情報流出などのセキュリティインシデントが発覚するのは半年後や1年後の
可能性もあります。サーバーなどのイベントログ取得に関してはリアルタイムで
確認する短期保管の障害対応用と、それを定期的に圧縮して長期保管しておく監
査用ログの2つが必要となります。これらは開発構築時に検討しておきましょう。
それとは別に運用者の作業ログも確保しておく必要があります。これは端末側で
録画やクライアント管理ソフトで操作ログを取得しておくパターンと、サービス
側でユーザー操作を取得しておくパターンがあります。

▶図　監査ログのおもな取得箇所

　監査ログを取得しておくことによる効果としては以下のようなものがあります。

・監査ログを取得していることを公表することで、作業者の不正行為に対するけん制になる
・作業者の不正行為を発見できる
・セキュリティインシデントが作業者のミスなのか、サービス側の不具合なのか切り分けができる

　ログはいざという時に運用者の無実を証明してくれるものでもあります。もしミスをしていたとしても、ログを取得していればミスの内容を正確に把握することができ、迅速な復旧が可能となります。セキュリティにかかわらず、作業者として常にログを取得するように心がけましょう。

6.2.5　運用ソフトウェアの管理

　ここでいう運用ソフトウェアとは、サービスを構成しているソフトウェアや製品になります。ネットワーク機器やサーバー、ミドルウェア、クラウドサービスなどを適切に管理しなければ脅威から重要情報を守ることはできません。

■運用ソフトウェアの個々の設定について可能な限り把握・理解し、安全性の確保に努める

　サービスのアーキテクチャ（設計思想）から実際の設定値まで、可能であるならばすべて把握しているのが理想です。JVN（Japan Vulnerability Notes）などで新たな脆弱性関連情報が発表された場合に、自分の運用しているサービスに影響があるかを把握するためには、サービスの設定を理解している必要があります。

　ただ、実際にすべてを把握しようと思うとかなり難しいのが実情です。7 章でも述べますが、テクニカルスキルについては継続的にトレーニングしていくしかありません。逆に言えば、計画的なトレーニングによって確実に伸ばしていけるスキルでもあります。エンジニアキャリアとして必ず必要になる部分なので、まずは自分の運用しているサービスの構成要素を把握するところから、テクニカル

スキルを計画的に伸ばしていきましょう。

■運用ソフトウェアはサポート対象バージョンへの更新を計画的に実施する

　ソフトウェアや製品にはEOSL（End Of Service Life：サービス終了）があります。継続してサポートを受けるためには、定期的なバージョンアップに追随していく必要があります。バージョンアップでは新たな機能が追加されるため、その機能を利用するかどうか、利用する場合は新たなセキュリティ対策が必要かどうかなど、多岐に渡る検討をしなければなりません。まずは通常の運用としてバージョンアップを対応するのか、それともプロジェクトとしてベンダーに依頼するのかを決めておきましょう。関連システムとの兼ね合いでバージョンアップできず塩漬けとなるソフトウェアもあります。その際は補完的な措置、つまりベンダーと個別でサポート契約を結んだり、代替となるサービスの導入を検討したりする必要があります。

6.2.6　技術的脆弱性管理

　脆弱性情報は日々収集して穴をふさいでいかなければなりません。地味な仕事ですが、こうした日々の小さな努力がセキュリティインシデントから企業を守っているとも言えます。それに、実際にセキュリティインシデントが発生した際のコストと対応にかかる時間を考えれば、脆弱性管理の作業は微々たるものともいえます。

■技術的脆弱性に関する情報を収集し影響の有無を確認する

　運用しているサービスを構成するソフトウェアや製品の脆弱性情報を日々収集する必要があります。JVNであればメール通知、クラウドサービスなどは公式SNS、ブログなどをフォローして情報を収集できる仕組みを作っておくとよいでしょう。メール通知やSNSやブログなどは、最新情報が公開されたらLCDPでビジネスチャットツールなどの1ヵ所に情報を集約するのもよいかと思います。

209

▶図　脆弱性情報の集約

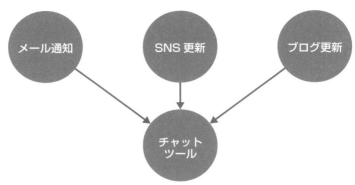

■**重要システムでは定期的な脆弱性スキャンを実施する**

　脆弱性スキャンとは、ファイアウォール、ルータ、サーバー、アプリケーションなどサービスが関わる要素に対して、ツールなどで定型的な疑似攻撃を広範囲に行う診断になります。似たような診断にペネトレーションテストがあります。ペネトレーションテストは、ネットワークに接続しているサービスに対して実際に使われている攻撃方法で侵入を試み、脆弱性が存在するかを確認する診断になります。どちらの診断にしても、専門の業者に依頼することがほとんどかと思います。

　定期周期に関しては、JPCERT/CC や PCI-DSS といった各種ガイドラインで定められていますので、業界ごとのガイドラインに従うことになります。どのガイドラインでも、重要システムでは最低でも年に 1 回、もしくは重要な変更があった場合に診断するように求められています。

■**パッチ適用の影響確認のため、その作業方針と作業内容をあらかじめ確立する**

　パッチ適用に関しては、前後作業も含めて以下のことを決めておく必要があります。

▶表　パッチ適用で検討する要素

要素	説明
適用周期	定期（月次 / 四半期 / 半期 / 年次）、不定期
適用対象	OS、ファームウェア、ソフトウェアなど
適用基準	JVN（Japan Vulnerability Notes）などで更改された CVSS スコアなど
実施判断者	情報システム部門やセキュリティ部門など
実施フロー	検証環境に適用してから本番環境へ適用するなどの流れ
実施手順	システムの特性とメーカー公開情報を組み合わせた手順
正常性確認方法	運用者、アプリケーション保守担当、関連システムなどが行う正常性確認方法

　これらの検討項目は定期パッチでも緊急パッチでも基本的には変わりません。定期と緊急との違いは、実施フローや判断などのリードタイムが短くなるだけです。緊急パッチを適用できないような塩漬けのシステムで脆弱性を許容する場合は、その脆弱性をついた攻撃が行われていないかを定期的にログから確認するなど、補完的な措置が必要になります。

ここがポイント！

セキュリティ事故が起こってしまうと対応がとてつもなく大変ですから、できるだけ未然に防ぎたいですよね

6.3 セキュリティインシデントが発生した時にまとめる情報

　情報セキュリティに関しては、企業を超えて情報共有してできるだけ事故発生を未然に防ぐ必要があります。「重要インフラの情報セキュリティ対策に係る第4次行動計画」では、「情報連絡における事象と原因の類型」として、情報セキュリティ対策に関して重要インフラ事業者との間で共有すべき情報の明確化について言及しています。

　以下の表は情報連絡の内容を示したもので、運用中に事故が発生した際に報告としてまとめなければいけない事象と原因の類型が非常に簡潔にまとめられています。システム運用のチームだけでなく、サービスを利用している部署や関連会社なども含めて、セキュリティインシデントの事象類型と原因の基本的な考え方として共有しておくとよいでしょう。

▶ 表　情報連絡における事象

事象の類型		事象の例	説明
未発生の事象		予兆・ヒヤリハット	サイバー攻撃の予告等の予兆や、システム脆弱性等の発見、事象の発生には至らなかったミス、マルウェアが添付された不審メールの受信等によるヒヤリハットの発生
発生した事象	機密性を脅かす事象	情報の漏えい	組織の機密情報等の流出等、機密性が脅かされる事象の発生
	完全性を脅かす事象	情報の破壊	Webサイト等の改ざんや組織の機密情報等の破壊等、完全性が脅かされる事象の発生
	可用性を脅かす事象	システム等の利用困難	制御システムの継続稼働が不能やWebサイトの閲覧が不可能など、可用性が脅かされる事象の発生
	上記につながる事象	マルウェア等の感染	マルウェア等によるシステム等への感染
		不正コード等の実行	システム脆弱性等をついた不正コード等の実行
		システム等への侵入	外部からのサイバー攻撃等によるシステム等への侵入
		その他	上記以外の事象

◉ 表　情報連絡における原因の類型

原因の類型	原因の例
意図的な原因	不審メール等の受信、ユーザ ID 等の偽り、DDoS 攻撃等の大量アクセス、情報の不正取得、内部不正、適切なシステム等運用の未実施等
偶発的な原因	ユーザの操作ミス、ユーザの管理ミス、不審なファイルの実行、不審なサイトの閲覧、外部委託先 の管理ミス、機器等の故障、システムの脆弱性、他分野の障害からの波及等
環境的な原因	災害や疾病等
その他の原因	上記以外の脅威や脆弱性、原因不明等

※参考：サイバーセキュリティ戦略本部『重要インフラの情報セキュリティ対策に係る 第 4 次行動計画』p.56「別紙 3 情報連絡における事象と原因の類型」／ NISC ／ 2017 年（2020 年改定）
https://www.nisc.go.jp/active/infra/pdf/infra_rt4_r2.pdf

　このような類型をもとに報告する内容を考えることによって、報告をすばやく行うことができます。セキュリティインシデント発生時は迅速に対応することが重要になります。普段から意識できるように、ISMS 教育などと合わせて定期的にセキュリティに関する内容を組織内で意識合わせしておくようにしましょう。

6.4　まとめ

　6 章では運用における情報セキュリティ対応について解説してきました。情報セキュリティはこれからどんどん重要になってくる分野でもあります。本書で記載した内容は、ほんの入り口なのでこれからも継続して情報をアップデートしていってください。最後に 6 章のキーメッセージをまとめておきましょう。

・まずは守る情報を決める
・データを守るためには、入口と出口、サービス間のデータのやりとりの 3 つを意識する
・運用としてセキュリティを意識する箇所は、「運用の手順および責任」「マルウェアからの保護」「バックアップ」「ログ取得」「運用ソフトウェアの管理」「技術的脆弱性管理」の 6 つが基本となる
・セキュリティインシデントが発生した際は、インシデントの事象と原因の類型を意識して報告する
・ISMS 教育などと合わせて、運用上注意する点も定期的に教育する

　続いて、7 章では生産性向上のための重要な要素である「スキル」について解説していきます。

## 第7章

運用チームに求められる
スキル

7.1 運用チームに求められるスキル

メンバーのスキル向上は、労働生産性を向上させる 3 つの要素のひとつです。

不確定要素が多くなってきた世界でサービス運用をしていくために、運用者としてどのようなスキルが必要なのか、どのようなマインド変化が必要なのかを考えなければなりません。これからの運用に必要なスキルを把握して、新たなスキルを身につけていきましょう。

これからの運用には、頻繁に変更が入るクラウドサービスを管理したり、ビジネススピードを上げるために開発チームとの積極的な連携が求められていきます。

運用改善や新たなサービス開発といった明確な道筋がない仕事では、課題を発見する洞察力や問題解決に導くためのひらめきなどがプロジェクト成功の重要な要素になります。他チームとの連携が必要な場合には、円滑なコミュニケーション能力も必要になるでしょう。この手のスキルには、育ってきた環境によって得意不得意があります。プロジェクトを成功させるためには、得意なメンバーが得意な分野を主体的に進めていくしかありません。そのために、まずは**メンバーのスキルを可視化して、得意不得意を見極める**必要があります。

人は得意なことをやっている時がもっともパフォーマンスを発揮できます。そして、その状態が維持されれば仕事は楽しく感じられることでしょう。一人ひとりの働きやすい環境を作ることは、その人のスキルを最大限に発揮して伸ばしていくことです。

決められた項目を決められた手順でやるだけの運用チームから、継続的に運用改善が実施できる運用チームへ進化するためには何をすればよいのでしょうか？今回はある程度成熟した大企業の情報システム部門のスキル可視化方法と、どのように変化していくべきなのかを考えながら進めていきたいと思います。

◉図 運用チーム新たに求められる要素

●これまで

●新たに求められる要素

　まずは、スキルにはどのようなものがあり、どのように会得して伸ばしていくものなのかを考えてみましょう。

7.2 カッツモデルから考える 3 つのスキル

　IT エンジニアに必要なスキルは、あらゆる書籍やサイトでいろいろな側面から語られている話題です。1955 年にロバート・カッツ（Robert L. Katz）氏が発表した論文「スキル・アプローチによる優秀な管理者への道（Skills of an Effective Administrator）」[1] もそのひとつです。

　この論文は元は工場で働く作業員が工場長になるためにはどのようなスキルが必要かを調査・分析・整理したものです。60 年以上前に発表されたものですが、今でも十分に通用する内容なので、本書では、このカッツ氏の論文に記載されている「カッツモデル」と、複数のサイトや書籍から、運用チームと運用エンジニアに必要なスキルを定義してみます。

　カッツモデルでは、エンジニアのスキルを以下の 3 つに分類します。

・テクニカルスキル：**業務を適切に遂行するため必要な知識や技術、熟練度**
　与えられた職務や業務を正しく遂行するために欠かすことのできない能力であるため、現場で活躍する作業員や技術者、現場に近い場所でマネジメントを任されている管理者などに多く必要なスキル

・ヒューマンスキル：**人間関係を円滑にして力を最大化するための対人関係能力**
　良好な人間関係を保ち、目標達成に向けた円滑なコミュニケーションを可能にするヒューマンスキルは、すべてのビジネスマンに必要な能力であり、すべての階層で一定量必要なスキル

・コンセプチュアルスキル：**複雑な事象を概念化して本質を把握する能力**
　「正解のない」問題に直面したときに、抽象化によって物事の本質に近付き、本質を定義・言語化し、具体的な最適解を導き出すスキル

---

[1] 1974年に雑誌掲載されたものが下記URLで参照できます。https://hbr.org/1974/09/skills-of-an-effective-administrator

▶図　カッツモデル

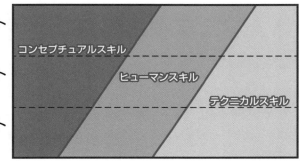

トップマネジメント
（経営者層）

ミドルマネジメント
（管理者層）

ロワーマネジメント
（監督者層）

　もともとのカッツモデルでは、コンセプチュアルスキルはミドルマネジメント（管理者層）以上に多く必要なスキルと定義されていましたが、現在では単純作業はどんどん自動化されて、現場レベルでも自ら新たな問いを立てて「正解のない」問題に対面しなければならない場面もあります。そのため、マネージャーだけではなくメンバーにもコンセプチュアルスキルが求められる時代が来ています。

　それでは、各スキルにはどのようなものがあるのかを説明していきましょう。

7.3　テクニカルスキル

ITエンジニアとしてキャリアを積むためには、避けて通れないのがテクニカルスキルです。そもそもテクニカルスキルがなければ与えられた職務や業務を正しく遂行できないので、何はともあれベースとして習得しておく必要があります。

テクニカルスキルには、資格などで定量的な測定が容易であり、習得方法も明確で評価しやすいという特徴があります。

▶ 表　テクニカルスキルの概要

スキル名	分類タグ	スキル説明	フレームワーク及びキーワード
開発スキル	汎用	業務を行うために必要な開発言語に関するスキル	プログラミング言語、スクリプト言語、マークアップ言語
インフラスキル	汎用	業務を行うために必要なシステム基盤に関するスキル	ネットワーク、サーバー、コンテナ、仮想化、クラウドサービス、それらに関する資格
運用スキル	汎用	業務を行うために必要な運用管理に関するスキル	ITIL、COBIT、VeriSM、運用設計など
情報セキュリティスキル	汎用	業務を行うために必要な情報セキュリティに関するスキル	ISMS、NIST CSF、PCI DSS、CIS Controls セキュリティポリシー、セキュリティに関する資格
プロジェクトに関するスキル	汎用	新規サービスを導入する際に必要となるスキル	PMP、PMBOK 「調達管理」、「リスク管理」、「スコープ管理」、「要員管理」、「コミュニケーション管理」、「ステークホルダー管理」
デザインに関するスキル	汎用	説明資料やプレゼンテーション資料を作成する際に必要となるスキル	パワポ（PowerPoint）レイアウト、色彩検定など
業務に関するスキル	専門	自社で行われている業務についてどれだけ理解しているかという指標	社内コラボレーション ステークホルダーの把握 キーパーソンの把握 5Force
製品知識（市場理解）	専門	自社が導入している製品について客観的にどれだけ理解しているかという指標	ベンダー資格など 3C 5Force

　各テクニカルスキルについて、運用者としてどのように意識すればよいのかを少し解説していきます。

開発スキル

　手順書作業が運用業務のメインだった時代は、運用担当者に開発スキルはそれほど必要とされていませんでしたが、運用改善で自動化を行っていく上で最低限のプログラミングに関する知識は必須となります。

　運用しているサービスがスクラッチ開発されたアプリケーションの場合は、使用している開発言語はもちろんですが、バージョン管理や関連するツールの知識も必要となります。

インフラスキル

　クラウドサービスが台頭してきてハードウェアの管理は減ってきていますが、依然としてネットワークやOS、ミドルウェアの知識は必要です。特にネットワークや認証に関する知識は、自社環境とサービスをつなぐために必ず必要になる知識なので、クラウドサービスが主流になっても変わらず重要なスキルとなります。

　資格なども充実しているので、現場で使っているインフラ基盤の資格を取得することで体系的にスキルを上げていくことは可能です。

運用スキル

　運用管理に関する知識としてITILは押さえておきたいところです。ITILは資格もあるので、初級レベルの「ITILファンデーション」は運用管理の共通認識として全メンバーが取得しておいてもよいでしょう。

　ITIL以外では、企業全体のI＆Tガバナンスのフレームワークとして COBIT や、企業全体のサービスマネジメント方法として VeriSM などについても概要レベルで把握しておきましょう。

　IT運用やサービスマネジメントに関する情報をアップデートしたり、情報収集を積極的にしたい場合は、itSMF Japan などのユーザーフォーラムへ入会して勉強会などに参加してもよいでしょう。

情報セキュリティスキル

　デジタル化した情報を扱う業種にいる宿命として、セキュリティに関する知識は継続的にアップデートしていかなければなりません。6 章では運用における情報セキュリティ対策について解説しましたが、アーキテクチャも含めた最新の情報セキュリティを常に把握しておけば、よりセキュアなサービス運用が可能になります。

　ISMS、NIST CSF、PCI DSS、CIS Controls といった代表的なフレームワークから、実際に情報を守るためのエンドポイントセキュリティ対策やゼロトラストネットワークを実現するアーキテクチャまで、少しずつでもよいので理解を深めていく必要があります。情報セキュリティスキルは学び直しが必要なスキルとして、後述する IPA による ITSS+ にも含まれています。

プロジェクトに関するスキル

　情報システム部門はサービスを導入する際に、外部のベンダーに対してプロジェクト管理を行うことがあるかと思います。その場合、運用者は導入ベンダーから運用引継ぎを実施しなければなりません。その際に、PMBOK の概要レベルや用語は把握しておくとスムーズに進むでしょう。

　資格取得となるとかなり難易度が高いので、概要をまとめた書籍などを読むだけでも問題ないかと思います。

デザインに関するスキル

　ここでいうデザインは芸術の話ではなく、資料の見やすさといった機能美としてのデザインスキルです。見やすい資料は読み手の正しい理解を促し、誤解が発生する確率を下げるので、デザインもテクニカルスキルのひとつとなります。

　記載してある情報が上から下、左から右に配置されているとわかりやすい、といったレイアウトの基本から、赤は警告色、黄色は警戒色といった色彩の基本を押さえているだけでも資料は圧倒的に見やすくなります。デザインの基本知識については、ネット検索でもかなりの量を調べることができます。それらの知識を駆使して、基本を押さえた資料を繰り返し作成することによってデザインスキルを伸ばしていくことができます。

　ただし、スキルの定量的な可視化は難しいので、チームメンバーで情報を共有

するなどして継続的な向上を図りましょう。

社内業務に関するスキル

　テクニカルスキルに分類するか少し微妙ですが、企業で仕事をするうえで社内業務内容や社内の動向について詳しいことは、大きな意味でスキルということができます。新たなサービスを考えたり、運用改善を実施する際に、他部署ですでに似たような活動が行われている場合はコラボレーションするほうが効率的になることもあります。

　社内動向の情報をキャッチして、部署と部署をつなげる能力もこれから必要となる立派なスキルのひとつです。ただし、ここで得た知識は企業内でしか意味を持たないため、転職をすると価値を失うスキルとなります。

製品知識（市場理解）

　所属している業界が使っている特定の製品やフレームワークに関する知識や、その周辺情報や市場理解もスキルのひとつになります。業界の認定資格などがあれば、その資格習得などでスキルを可視化することができます。

　ただし、こちらのスキルも社内業務と同じく、その業界限定の製品知識になるため、他業種に転職することで価値を失う可能性が高いスキルとなります。

　テクニカルスキルだけでかなりの量があるので、業界歴の浅い方は途方もなく感じるかもしれませんが、テクニカルスキルはベースの考え方が共通していることも多く、1つを深く理解できれば類似の技術も理解しやすくなるのが特徴です。

　また、自分に合ったテクニカルスキルの習得方法を見つけると習得が早くなります。たとえば、参考書などで仕組みを先に理解したほうがよいのか、それとも実機実践で理解したほうが吸収が早いのかなど、自分の得意な方法を見つけましょう。

　知識や技術については、現場で活用できるスキルを習得していくように心がけましょう。

　続いては、IPAが学び直しを進めるテクニカルスキルについて説明しましょう。

| Column | 情報収集スキル |

　インターネットが普及した現在では、すべてを暗記しておく必要はありません。必要な時に必要な情報にアクセスできることが重要なので、情報収集スキルは基礎的なテクニカルスキルのひとつといっても過言ではないでしょう。

　情報収集スキルが高いと、障害が発生した時に検索で解決策を早期に発見して、復旧時間を短縮させることができます。また、業界情報、他社事例、有効なフレームワークなどを効率的に検索できれば、顧客ニーズを把握したり、社内向け資料に説得力を持たせることができます。

　ただし、「これをやれば情報収集スキルが向上する！」という明確な方法はありません。情報収集が得意な人がいたら、その人にどのような方法で調べものをしているかを聞いてみるのもよいでしょう。チーム内で普段行っている情報収集方法を共有することも、情報収集スキル向上には良い方法かもしれません。

　情報は「覚える時代」から「検索して活用する時代」へ変わってきているので、それに合わせて我々も変化していかなければなりません。

7.3.1　IPA によるスキル標準ガイド

　テクニカルスキルに関しては、IPA がさまざまなフレームワークや研究結果をもとに標準ガイドを作成しています。膨大な量のドキュメントがありますが、概要レベルは把握しておくことをお勧めします。

・情報システムユーザースキル標準（UISS）

　https://www.ipa.go.jp/jinzai/itss/uiss/uiss_download_Ver2_2.html

・IT スキル標準（ITSS）

　https://www.ipa.go.jp/jinzai/itss/download_V3_2011.html

・ITSS+（プラス）

　https://www.ipa.go.jp/jinzai/itss/itssplus.html

・i コンピテンシ ディクショナリ（iCD）

　https://www.ipa.go.jp/jinzai/hrd/i_competency_dictionary/download.html

　特に ITSS+ は、これまでの IT スキル標準に加えて、学びなおしによって強化すべき領域について説明しています。2021 年 1 月現在で強化すべき領域は、

・データサイエンス領域
・アジャイル領域
・IoT ソリューション領域
・セキュリティ領域

とされています。これらの領域は、今後求められる IT とビジネスを連結させて価値を生むためには欠かせないものです。

　ここでは、これらの領域それぞれについて具体的に解説してきます。ITSS+にはスキルチェックリストやタスクリスト、解説書といったドキュメントが準備されていますので、新たなスキルを獲得する際の指標にするとよいでしょう。

■データサイエンス領域

　データを用いて新たな科学的および社会に有益な知見を引き出そうとするアプローチの総称です。デジタル化によってさまざまな現象がデジタルデータとなっていく中で、データを正しく分析し、新たなサービスや効果の高い改善施策を導き出すために必要となるスキルとなります。

　自社で持っているデータをセキュアに扱いたい場合、データサイエンス領域は内製化の傾向が強くなるでしょう。そのため、情報システム部門としても積極的に技術習得していきたい領域になります。

■アジャイル領域

　システムやソフトウェア開発におけるプロジェクト開発手法のひとつです。大きな単位でシステムを区切ることなく、小単位で実装とテストを繰り返すことで開発を進めていきます。運用の目線から考えると、継続して自動化などの運用改善を実施できる体制を構築することが、運用のアジャイル体制だといえるかもしれません。

■IoT ソリューション領域

　IoT は「Internet of Things」の略で、あらゆるモノがインターネットとつながれて、リアルタイム情報を共有するようになる技術の総称です。特に製造業においては、製造装置、検査装置のデータを活用して、製造工程の効率化、製品品

225

質向上などを行っていくために必要なスキルになります。

　IoT ソリューションをいろいろな場面で導入することで、さまざまな種類・形式の非構造化データを集めることになります。それらの多様で価値のあるデータが大量に集まるとビッグデータになります。データサイエンスを実施するデータ基盤を作り上げるという意味でも、IoT ソリューション領域は重要な知識となります。

■セキュリティ領域

　IT が企業の活動基盤となり、経営層、戦略マネジメント層、実務者・技術者層のすべてのレイヤーにおいて高いレベルのセキュリティ対応が求められるようになっています。それに伴いセキュリティのリスク管理体制や人材について見直しが行われています。

　IPA の「サイバーセキュリティ経営ガイドライン Ver2.0 付録 F サイバーセキュリティ体制構築・人材確保の手引き」には、目を通しておくことをおすすめします。

・サイバーセキュリティ体制構築・人材確保の手引き
　https://www.meti.go.jp/press/2020/09/20200930004/20200930004-1.
　pdf

　IT エンジニアは、上記の 4 つに限らず、これからさらにデジタル化が進み新しくテクノロジーが開発されるたびに、また新たにスキルを取得していく必要があります。継続的にスキルを取得、更新していくように心がけましょう。

7.3.2　テクニカルスキルの可視化

　続いては、維持管理しているサービスに必要なテクニカルスキルを可視化していく方法を解説していきます。

　わかりやすさのため、仮想の運用チームを例にして考えてみましょう。運用チームメンバーは以下とします。

リーダー：佐藤　大輔（46歳）

　運用チームのリーダー。過去に社内ネットワークプロジェクトにPMとして参加していた。そのためネットワークインフラ周りにはかなり詳しいがアプリケーションのことはあまりわからない。「とりあえずやってみよう」が口癖。

サブリーダー：鈴木　健太（34歳）

　運用一筋12年。社内システム、運用管理について知らないことはない。構築や開発を業務で担当したことがないので、技術面では自分でも不安を感じることがある。面倒見がよく、気が利くためチーム内外に顔が広い。

メンバー：高橋　拓也（30歳）

　アプリケーション開発をしていた会社から転職してきたメンバー。インフラ、運用は詳しくないが開発については一通り経験している。積極性はないが、会議などで的を得た発言をする。

メンバー：田中　優香（23歳）

　昨年、新卒で配属された元気な文系卒の女性。IT知識はないが、海外留学経験があるため英語とコミュニケーションは得意。同期の中ではリーダー的な存在。

　スキルの可視化を行うためには、まずはサービスを構成する要素を調べます。例として、この運用チームが社内からのみ利用できるチケット管理ツールをパブリッククラウド上のIaaSサーバーにインストールし、サービスとして提供している場合を考えます。構成要素を簡単に図にすると以下のようになります。

　運用項目としては、クラウドメンテナンスへの対応、OSの維持管理、インストールしたチケット管理ツールの変更作業などですが、サービスを維持管理する観点では認証サーバー、社内ネットワークやプロキシサーバー、インターネット通信の知識も必要となってきます。

▶図　チケット管理サービスを構成している要素

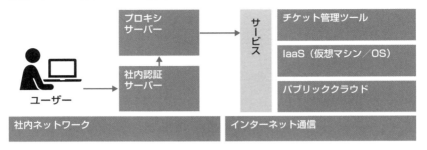

　この運用チームのメンバーに必要なテクニカルスキルを可視化するために、まずはシステムを構成している要素を並べていきます。構成要素については、ほとんどをシステム構成図から導き出すことができるでしょう。構成要素を並べたら、認証システム、ネットワークやサーバー管理、アプリ管理など類似する内容でグルーピングするとよりわかりやすくなります。

　次に、構成要素に対してメンバーのスキルレベルがどれぐらいなのかを可視化するための基準を定めていきます。レベルを判定する基準としては、該当の構成要素に対して手順書に従って作業をしたことがあるのか、マニュアルや構成を理解して人に説明できるレベルなのか、必要な資格を取得しているかなどが判断基準になるでしょう。構成要素とスキルレベルを決めたら、次ページの表のようにメンバーの名前を列として追加し、それぞれのスキルの評価を書き加えていきます。

　新人の田中さんの数値が低いのは仕方ないことだとして、その他については他の人の苦手な箇所を補っているバランスの良いチームだということがわかります。

　この表をもとに「高橋さんは次はネットワークの部分を伸ばしていこう」とか、「鈴木さんはアプリの部分を高橋君からスキルトランスファーしてもらおう」といったようにスキルアップの計画を立てることができるようになります。

　この表に参考になる書籍や Web ページ、動画や関連資格などを追加していくことにより、業務に必要なテクニカルスキルとその向上方法をさらに可視化していくことができます。

　スキルの棚卸は半年に一度程度自己評価にて行い、どれぐらいメンバーが成長したかを確認していくとよいでしょう。その際はスキルの見直し、項目の見直しも行いましょう。

▶表 チケット管理サービス運用に必要なテクニカルスキル

スキル分類	構成要素	佐藤	鈴木	高橋	田中	レベル3条件	レベル2条件	レベル1条件
認証システム	社内認証サーバー	3	3	2	1	認定資格取得	マニュアルを理解	手順書作業ができる
ネットワーク	社内ネットワーク構成	3	2	1	1	主要機器の資格取得	構成を理解	手順書作業ができる
	プロキシサーバー	3	2	1	1	主要機器の資格取得	マニュアルを理解	手順書作業ができる
	インターネット通信	3	2	1	1	ネットワーク資格取得	構成を理解	手順書作業ができる
サーバー管理	パブリッククラウド管理	2	3	2	2	認定資格取得	マニュアルを理解	手順書作業ができる
	OS管理	3	3	2	1	OSの資格取得	パラメータを理解	手順書作業ができる
アプリ管理	チケット管理ツール	2	2	3	1	認定資格取得	マニュアルを理解	手順書作業ができる
	合計	16	14	10	7			

※凡例：レベル3：他人に説明できる　レベル2：障害対応ができる　レベル1：基本的な作業はできる　0：理解していない

　テクニカルスキルの表を作ることは、サービス運用に必要な技術を言語化して共通認識にする活動でもあります。運用チームに限ったことではないですが、チームが永遠に同じメンバーで構成されることはありません。

　入れ替わりがあった時に必要となるテクニカルスキルがすぐにわかり、自分の足りていない部分が認識できて、足りない部分について詳しい人がだれかわかることは、チームを維持するうえで重要な情報となります。

　持続的なサービス提供のためにも、テクニカルスキルの可視化とスキル向上は大切な活動なので、チーム全体で取り組んでいただきたいと思います。

　次は円滑なチーム運営に欠かせないヒューマンスキルについて解説します。

ここがポイント！

テクニカルスキルを伸ばすためにがんばった努力は必ず報われますよ！

7.4　ヒューマンスキル

　一般的にヒューマンスキルというと、円滑にコミュニケーションするスキルのように思われますが、相手に正しく意図を伝えたりお互いの妥協点を探って合意したりするスキルも含まれます。これらのスキルを定量的に測定することは難しく、複数の他のメンバーからの評価で総合的に判断するしかありません。

▶表　ヒューマンスキルの概要

スキル名	分類タグ	スキル説明	フレームワーク及びキーワード
リーダーシップ（組織化）	チームリーダー チームマネジメント	定めた目標に向かって取り組み、成果をあげるためのスキル	戦略・ビジョン 意見の取りまとめ フォロワーシップを得る トラブルシューティング能力 統率力, 決断力, 判断力, 変革力, 責任感, 先見性, 目標設定力, 多面的視野, プレゼンテーション
コミュニケーション（文章力含む）	チームリーダー チームマネジメント	チーム内で良い人間関係をストレスなく構築・維持するスキル	1 on 1 SNS, チャット , メール 言語コミュニケーション（バーバルコミュニケーション） 非言語コミュニケーション（ノンバーバルコミュニケーション） 傾聴力 アサーション DESC 法
ファシリテーション	チームリーダー チームマネジメント	組織内の会議などで、円滑に話し合いが進むように支援するスキル	ゴールの明確化 意見を引き出す 内容を整理（構造化） 合意形成 「場」の提供力 見極め力 アイディアを広げる 中立的な立場
コーチング	チームマネジメント	個人またはチームを指導・育成するスキル	フィードバック メンバー教育、新たな提案 メンター制度

プレゼンテーション（提案力）	チームリーダー	自分の意思を適切に相手に伝えて、理解を深めてもらうために必要なスキル	問題の明確化、共感、解決策提示、具体的な方法の提示 デリバリーとコンテンツ（ストーリーラインとビジュアル） 優れたストーリーを作る５つのＣ ・Character（登場人物） ・Conflict（葛藤） ・Cure（救済） ・Change in character（登場人物の変化） ・Carryout message（持ち帰るべきメッセージ）
交渉／折衝力（ネゴシエーション）調整力（アジャストメント）	チームリーダーチームマネジメント	双方ともに納得できるよう物事をまとめて、信頼関係を構築するスキル	背景の説明 客観able力、俯瞰力 代替案の提示 要求貫徹 人間関係維持 対立ではなく協働 ６つの『影響力の武器』 価値創造型交渉、プラスサム交渉
傾聴力	チームリーダーチームマネジメント	複雑な内容でも要点を読み取ることができるスキル	質問力 仮説立証力 ロジャーズの３原則 ・自己一致（congruence） ・無条件の肯定的配慮（unconditional positive regard） ・共感的理解（empathic understanding）
動機付け（働きかけ力）	チームリーダーチームマネジメント	関係者（部下や同僚、上司）の意欲を引き出すスキル	フィードバック ミーティング 内的動機付け 外的動機付け

　運用チームとしてヒューマンスキルについて、どのように向き合えばよいのかを少し解説していきましょう。各スキルの細かい技術に関して本書での説明は割愛しますが、興味のあるスキルについては、フレームワーク及びキーワードを検索して各自で確認してください。

リーダーシップ（統率力・組織化）

　マネジメントに関する書籍で有名なピーター・ドラッガー氏は、著書の中で「リーダーシップは資質ではなく仕事であり、組織化そのものである」と語っています。**つまり、リーダーシップは組織を維持するために必要なもので、資質というあいまいなものではなく仕事として実行しなければならない**ということです。

　リーダーシップは、後述するヒューマンスキルとコンセプチュアルスキルのい

くつかのスキルを統合した結果だと考えています。自らが発揮できるリーダーシップは自分が得意とするスキルに依存するため、自分なりのリーダーシップを形成していくことが大切です。

コミュニケーション（文章力含む）

　ここでいうコミュニケーションは、人と人の間で意思疎通をとる総合的な能力を指します。挨拶や何気ない会話ができるだけで、チーム内の緊張を解いて和やかな雰囲気にすることができます。さらにコミュニケーション力が高いと、相手の性格や立場を把握して適切に対応することで無用な摩擦を減らし、円滑な業務を行うための下地を作ることが可能です。

　コミュニケーション力の高い人がチームに 1 人いるだけで、仕事のクオリティが上がることも期待できるでしょう。最近ではチャットなどのオンラインでの意思疎通も増えてきていて、わかりやすい文章を書くこともコミュニケーションの重要な要素となってきています。コミュニケーションには、傾聴力や調整力といった他のヒューマンスキルが含まれています。

ファシリテーション

　ここでいうファシリテーションは単なる司会進行ではなく、会議進行に必要なルールを決めたり、話の流れを整理して参加者の認識を一致させる能力です。他部署との協業・コラボレーションが増えていく中で、リーダー以外にも必要となるスキルになってきました。このスキルには傾聴力、その場で「図解」や「フレームワーク」などで構造化できる直感力や応用力、全体の合意を取り付けられる交渉力が含まれています。

コーチング

　最近はコーチングという言葉が定着し始めて、さまざまな意味を持つようになってきていますが、運用チームに必要なのはメンバーへ OJT するためのスキルとなります。経営層に対するコーチングなどの、プロフェッショナルサービスとして提供されている商業コーチングとは区別します。

　メンバーに対して業務の OJT（On-The-Job Training）ができて、話を聞き、質問をして、自身の言動や行動についての内省を促すことでチームの活性化を図

ります。

　コーチングスキルの高いメンバーがいると、チーム全体のテクニカルスキルを高めることができますし、新しい視点やこれまでになかった考え方を得ることにより、新たな課題発見や迅速な問題解決ができるようになります。

プレゼンテーション（提案力）

　プレゼンテーションの目的は、問題や意思を正しく共有して共感してもらうことです。正しい情報だけでは人は動きません。相手に動いてもらうためには、相手にもメリットを感じてもらえる提案が必要になります。

　プレゼン能力のベースとなるスキルとして、プレゼンの意図を理解しやすい資料で表現できるデザイン力、論理的に説明する思考、そして感情に訴える話し方なども必要です。そのため、プレゼンテーション能力には説明の際の話し方、間の取り方、身振り手振りなども含まれます。

　プレゼンテーション力を高めるもっとも効率的な方法は、自分のプレゼンを録画して自分で見直すことです。慣れないうちは自分のプレゼンを見ることに恥ずかしさがあるかもしれませんが、客観的に自分のしぐさなどを確認することで、改善したいことがかなり発見できると思います。録画による仕草やクセの修正は、ファシリテーション力の向上にもなるためおすすめです。

交渉／折衝力（ネゴシエーション）、調整力（アジャストメント）

　利害関係の合わない相手と粘り強く交渉するのが交渉／折衝力、利害関係の合わない複数の相手の間に入り落としどころを探すのが調整力です。本質的には少し違うスキルですが、どちらも目的を見失わずに落としどころを探すスキルなので、本書では同じ扱いとしています。運用改善が関連システムに影響を及ぼす場合や、他チームの協力が不可欠な場合にこのスキルが必要となります。

　基本的には、以下のプロセスで行います。

① なぜこの問題が起きているのか背景を共有する
② 相手の真意を受け取り、意図を正確に理解して認識の差異を埋める
③ 相手の性格や権限などを分析し、こちらの立場と相手の立場の差を認識する
④ 交渉にふさわしいタイミングや場所をセッティングする

⑤　計画した戦略がそぐわなかった場合でも、臨機応変に軌道を修正して落とし
　　どころを探っていく
⑥　決裂したとしても双方で納得ができる結果を合意した形で残す

　1 つの分野を突き詰めたい職人気質な方には、こういった交渉が苦手な方もい
るかと思います。プロジェクトマネージャーやリーダーといった立場の方は、折
衝力／調整力の有無によってチームの立ち位置を良くも悪くもします。上流工程
ではエンジニアリングよりも大切なスキルになるので、PM やリーダーを目指す
方は常に①～⑥のプロセスを意識して、日々交渉力を上げるように心がけてくだ
さい。

傾聴力

　黙って相手の話を聞くだけではなく、相手が何を言いたいのかや伝えたいのか
を考え、話をしやすくうなずいたりして適切な質問を行います。傾聴力を上げる
ことによって、運用改善に関わる上司、メンバー、他チームの人など、あらゆる
ステークホルダーが本当に求めていることを知ることができます。また、傾聴力
はコミュニケーション力の基盤となるスキルなので、このスキルがあると社内の
あらゆる範囲の人たちとの信頼関係を築くための助けをします。適切な問いを立
てる能力、相手に対して仮説を立てる力と言いかえることもできます。

動機付け（働きかけ力）

　関係者の人間性に合わせて、適切な動機付けや働きかけができる能力です。と
もすれば単調になりがちな運用現場において、実は重要な能力です。大きな目標
を掲げたほうがやる気を出す人もいれば、詳細にタスクを説明したほうが安心し
てやる気を出してくれる人もいます。仕事に対してお金が目的の人もいれば、や
りがいや成長が目的の人もいます。メンバーに合わせた動機付けを適切に行うこ
とによって、運用チームの突発的な離職率を下げることができます。

　ヒューマンスキルは、コンセプチュアルスキルと相関関係があるものが多くあ
ります。ヒューマンスキルとコンセプチュアルスキルの可視化方法は同じになり
ますので、次はコンセプチュアルスキルについて解説をしましょう。

Column **マネージャーに求められるスキル**

　ヒューマンスキルの多くは、マネージャーや管理職に求められるスキルでも
あります。Google re:Work の「優れたマネージャーの要件を特定する」とい
う記事では、マネージャーの行動規範を以下の 10 項目としています。

Google **マネージャーの行動規範**

⒈ *良いコーチである*

⒉ *チームに任せ、細かく管理しない*

⒊ *チームの仕事面の成果だけでなく健康を含めた充足に配慮しインク
　ルーシブ（包括的）なチーム環境を作る*

⒋ *生産性が高く結果を重視する*

⒌ *効果的なコミュニケーションをする - 人の話をよく聞き、情報を共
　有する*

⒍ *キャリア開発をサポートし、パフォーマンスについて話し合う*

⒎ *明確なビジョンや戦略を持ち、チームと共有する*

⒏ *チームにアドバイスできる専門知識がある*

⒐ *部門の枠を越えてコラボレーションを行う*

⒑ *決断力がある*

※ 引用：Google re:Work「優れたマネージャーの要件を特定する」、「Google マネージャーの行
　　動規範」Google（2021 年 3 月 10 日）
　　https://rework.withgoogle.com/jp/guides/managers-identify-what-makes-a-great-
　　manager/steps/learn-about-googles-manager-research/

　エンジニアには、特定の分野を極めていくスペシャリストになるか、チーム
を率いていくマネージャーになるかを選択しなければならないタイミングがあ
ります。ただ、ヒューマンスキルを鍛えるためには時間がかかるので、マネー
ジャーになりたいと思ってから勉強を始めると膨大な時間がかかってしまうこ
ともあります。マネージャーを目指す、もしくはまだこれからの道を決めてい
ないという方は、本書のヒューマンスキルや上記の「Google マネージャーの
行動規範」を少し意識しながら仕事をしてみるとよいかもしれません。少し意
識するだけでも現場の一担当者という観点から視座が上がります。すると見え
る世界が変わり、新たな発想や自分のキャリアを進める情報を手に入れる一助
になるかもしれません。

7.5　コンセプチュアルスキル

　コンセプチュアルスキルとは、正解のない問題に対して仮説を立てて、新たな答えを生み出していくためのスキルのことです。

　運用業務には正解がありますが、運用改善には明確な正解が存在しない場合もあります。正解のない問いに対しては、周辺にある細かい課題を発見して、そこから大きな問題解決に向けた仮説を立てて進んでいきます。それは手順通り行えば同じ結果が得られる定型作業とは根本的に違うので、何が起こるかわからない困難な事象に対応していく粘り強さも必要となります。

　一般的にコンセプチュアルスキルは「地頭力」とも呼ばれ、生まれつきの性質や環境要因などの先天性が強く、向き不向きがあります。しかし、どのスキルでもフレームワークなどを学んで日々トレーニングしていくことで伸ばしていくことは可能です。

● 表　コンセプチュアルスキルの概要

スキル名	分類タグ	スキル説明	フレームワーク及びキーワード
ロジカル シンキング （論理的思考）	問題解決	主観的にではなく、物事を論理的に整理し説明するスキル	「組織の課題を的確に認識する能力」 「相手のニーズを的確に把握し応える能力」 MECE ロジックツリー ピラミッド構造 演繹法 帰納法 仮説検証 セルフディベート

クリティカル シンキング （批判的思考）	課題発見 問題解決	物事を批判的にとらえて思考するスキル	「物事を客観的に判断しようとする思考プロセス」 リスクヘッジ 内省（問い続ける力） MECE 3C（市場・顧客（Customer）、競争相手（Competitor）、自社（Company）） 目的意識 思考のクセ（思考／認知のバイアス） 因果関係の把握 イシューの把握（論点や考えるべきこと）
ラテラル シンキング （水平思考）	問題解決	問題解決のために、今までの理論や方法や考え方に捉われることなく新しい仮説を立てられるスキル	「前提を疑う姿勢」 「物事を別のものに見立てる、抽象化する」 「事象のすべてを新しい発想の糸口に使う」 ブレインストーミング オズボーンのチェックリスト法
多面的視野	課題発見	ひとつの課題に対して複数のアプローチで検討を加えられるスキル	「新しい可能性を発見する」 「行き詰まった思考を打開する」 「ひとつの物事を反対の価値観で検証する」 視点・視座・視野 鳥の目・虫の目・魚の目 5W1H
柔軟性	困難案件対応	マニュアル通りにいかないイレギュラーなトラブルや問題にその場で対応するスキル	目的把握 汎化ー特化 ケースバイケース
受容性	困難案件対応	多様な価値観、未知の価値観に直面したとき、それを拒絶せずに受け入れるスキル	ダイバーシティ 経験知 ハラスメント
探究心	問題解決 課題発見 困難案件対応	物事に対して深い興味を示し、成果を得るまで粘り強く深掘りできるスキル	「学習・調査が苦痛ではない」 「研究・情報収集が好き」 「知らないと気がすまない」 「没頭できる」 標準化／最適化（手順書、ツール）
応用力	問題解決	技術やスキルを工夫し、別の物事に役立てるスキル	「すぐにアウトプットができる」 パターン認識能力 構造的把握力 想像力 基礎・原理原則の把握
洞察力	問題解決 課題発見	物事の本質を見極め、将来の展望についても分析するスキル	見とおし／見抜く 想像力／本質的なストーリーを語れる セルフコントロール 失敗から学ぶ 無知の知

直観力 （瞬発力・ アドリブ力）	問題解決	物事を感覚的に捉え、直観的にひらめき瞬時に対応するスキル	観察力、違和感検知 第六感、虫の知らせ 瞑想／座禅
知的好奇心	課題発見	新しいものを楽しみながら取り入れていく、または未知のものへ興味を持ち続けるスキル	拡散的好奇心 特殊的好奇心 ①興味関心の醸成 ②疑問を感じる ③疑問の自分ごと化 ④知識を深める・広げる
向上心	困難案件 対応	自発的に高い目標に向かい邁進し尽力するスキル	自己実現欲求（マズローの欲求階層理論） 目標達成 証明マインド／成長マインド
チャレンジ 精神	困難案件 対応	困難な課題や未経験分野においても、リスクを恐れず果敢に挑戦し、行動を起こせるスキル	主体性／積極性 フットワークが軽い 行動力がある 前向き
俯瞰力 （全体把握）	問題解決 課題発見	物事の全体像を正確に把握するスキル	メタ認知力（高次の認知） 抽象化／グランドデザイン 広い視野
先見性 （想像力）	問題解決 課題発見	目先のことだけではなく、数年後、数十年後における社会ニーズの推移を予測できるスキル	企画書・事業計画書 フェルミ推定／仮説思考力 アナロジー（類推）思考 抽象化／グランドデザイン

　運用チームとしてコンセプチュアルスキルについて、どのように向き合えばよいのかを少し解説していきましょう。

　各スキルの細かい技術に関しては、さまざまな書籍や研修で学ぶことができますし、ネット検索でもかなりの量を調べることが可能なため本書での詳細な説明は割愛します。

ロジカルシンキング（論理的思考）

　ロジカルシンキングができるようになると、課題を整理し解決までのプロセスを組み上げることができます。このスキルがあれば、関係者へ現状の問題点と解決方法、協力の必要性などを論理的に説明することができるようになります。ヒューマンスキルのファシリテーション、プレゼンテーション、交渉／折衝力、調整力の基盤となるスキルです。

　MECE やロジックツリーのような、上の表に記載してあるフレームワークは早いうちから理解しておいたほうがよいでしょう。ロジカルシンキングは訓練である程度体得できるスキルなので、意識して習得していってください。

クリティカルシンキング（批判的思考）

　物事の前提を疑い、思考の偏りを減らしていくことで最適な解答を導き出す能力です。問題の本当の目的に向き合い、前提や状況を批判的に検証することで、そもそもその計画や考えが本当に正しいのか、といった問題の本質に迫っていきます。それによりプロジェクトのリスクヘッジや、サービスの質を向上させるための発想を生み出していきます。ロジカルシンキングと合わせて、課題発見と問題解決までの道筋を生み出すスキルと言えます。クリティカルシンキングについても訓練が有効ですので、書籍、研修などを通じて習得していってください。

ラテラルシンキング（水平思考）

　当然とされてきた常識や固定概念を取り払い、物事を多角的にとらえることができる能力です。新規サービスを考えたり、新しい運用方法を考えたりという時に必要となるスキルです。思考が行き詰まった際にいくつかの前提条件を無視したり、代わりとなる前提条件を付与したりして問題を解決へと導くことができます。このラテラルシンキングは、多少の向き不向きがあります。アイデアを出すのが得意な人は、ラテラルシンキングの方法論を理解してスキルを伸ばしていきましょう。

多面的視野

　ラテラルシンキングは物事の前提や固定観念を取り払うものですが、多面的視野は物事の見方を変えて新たなアイデアを出す能力です。ラテラルシンキングと合わせて、従来にない斬新なアイデアを生み出す際に必要なスキルです。多面的思考があれば問題に対して、常に複数の選択肢を持つことができ、その中から解答を検討できるようになります。考え方を知るだけで、ある程度の多面的な見方ができるようになると思いますので、鳥の目・虫の目・魚の目、5W1H などの用語について調べておくとよいでしょう。

柔軟性

　目的をしっかりと把握して、問題に対し臨機応変にアプローチを変えていける能力です。新たな問題に直面しても、従来のやり方に固執せず新しい切り口で問題を解決できます。柔軟性を持つためには、常に新しい情報を入手して従来のや

り方と最新のトレンドとの差分を理解しているなど、高いアンテナ感度が必要です。変化に対して頭で深く考えるよりとりあえず動いてみる行動力も必要になります。

　性格として先天的に備わっている人もいますが、決められたこと以外をするのが苦手な人はインプットを増やして柔軟性を高める訓練をするとよいでしょう。

受容性

　自分とは違った価値観を受け入れられる能力です。運用業務の一部を海外へアウトソーシングしたり、海外拠点と連携をとったりと、今後はグローバルな展開が増えていくことも考えられます。相手の背景、価値観、文化などを考慮し、意見に耳を傾けて良い解答を導き出すことが求められます。

　そのためには、他者の価値観を理解しようとする姿勢が大切です。受容性がないと、無意識のうちにハラスメントをしてしまう可能性もあるので、常に価値観をアップデートさせるように心がけましょう。

探究心

　探求心は狭く深く物事を追求できるスキルです。探求心が高い人は専門性の高い技術を身に付けることができ、その道のスペシャリストを目指すことができるでしょう。運用改善の説明やサービス企画の説明などのシーンでは、単なるプロダクトやサービスの説明だけでなく、背景の思想や長期的な効果までを含めてしっかりと検討することができるようになります。

応用力

　持っている知識やスキルを使って、新たな事柄に対応するスキルになります。すでに知識やスキルを持っているのが前提となりますので、応用力は複数のテクニカルスキルが高いレベルにあるときに発揮されるスキルです。物事からパターンを発見するのが得意な人や、事象を構造的に把握するのが得意な人は高い応用力を身につけられる可能性があります。応用力は、テクニカルスキルの向上と合わせて、パターン認識や構造把握の訓練をすることによって伸ばすことができるでしょう。

洞察力

　ロジカルシンキング（論理的思考）、ラテラルシンキング（水平思考）、クリティカルシンキング（批判的思考）、多面的視野、観察力などを組み合わせたうえで、多くの人が納得できる本質を導き出すスキルです。深い洞察から導き出された答えは、さまざまな検証や質問に耐えることができる強さを持っています。洞察力をベースにした本質を言葉にできる力は、リーダーシップ、プレゼンテーション、動機付けなどのヒューマンスキルのもとになっていきます。

直観力（瞬発力・アドリブ力）

　直観力はこれまでの経験や知識から、段階的に思考するステップを省いて即座に気付きや違和感を覚え、その議題に関する手がかりやヒントを思い付く力と言い換えることができるでしょう。直観力も応用力と同じく複数のスキルを高いレベルで持っているときに発揮されるスキルです。単体で向上させることは難しいでしょう。直観力があると会議やディスカッションのとき、その場で新たな視点やアイデアを加えることができるようになります。

知的好奇心

　好奇心が強い人は、広くいろいろなことに興味のある人です。新しいものに対して不安よりも楽しみが勝つため、新規サービス開発などの初期メンバーに適任です。初動にスピードがあるため、新たな出会いや新しいアイデアに遭遇する可能性が上がり、必然的に目的に到達するスピードも上がります。探求心と同様に、知的好奇心も性格に依存する傾向が強くあります。また、知的好奇心が強い人でも、通常業務に忙殺されている状況では新しい情報に触れる機会も気力も失ってしまいます。

　このスキルを伸ばすためには、心身ともに余裕がある状態で適度に課題を設定しておく必要があります。多角的視野も合わせて持っていると、新たな物事にさらにさまざまな道筋をつけることができるようになります。

向上心

　自分自身の現状に満足できないことが元となり起こってくる行動力です。上司などから強制的に仕向けられて一時的に出すやる気とは少し異なります。向上心

がある人は、チームや周囲の人たちに前向きな良い影響を与えます。

　自主的な向上心は、自分の特性と仕事や環境があっている時に発揮されるものです。マネージャーはメンバーが向上心を持てるような環境づくりや仕事のアサインを検討する必要があります。

チャレンジ精神

　困難な課題や未経験の分野でも、果敢に挑戦できる力のことです。あまりに無鉄砲で無謀なチャレンジはチームの士気を下げる場合もありますが、意味のあるチャレンジであれば自分も成長できますし周囲の人にも勇気を与えます。新しいことが苦手な方もいるかと思いますが、そういう方は下調べをしっかりとして新しいことにチャレンジするとよいでしょう。変化の多い今の時代にチャレンジ精神がまったくなく、新しい行動を起こさない人に待っているのは衰退であることは心に刻んでください。

俯瞰力（全体把握）

　自分が置かれている状況や今後を冷静に見通し、的確な判断を下すために必要なスキルです。俯瞰力は自分も含めた全体を把握する力となります。段取りよく仕事するためには欠かせないので、プロジェクトマネージャーには必須で求められる能力となります。

　どれだけプロジェクトマネジメントに関する知識があっても、全体を把握する能力がないと要件漏れや考慮漏れなどが発生し必ず炎上します。俯瞰力は洞察力と同じでロジカルシンキング（論理的思考）、ラテラルシンキング（水平思考）、クリティカルシンキング（批判的思考）、多面的視野などが前提スキルとなります。

先見性（想像力）

　自分が手に入れている情報から未来を予測する能力になります。想像力を働かせて未来を予測し、チーム内に共通イメージをもたらすことができます。そのため、予測する未来像には、ある程度の説得力と納得感が必要です。チームのビジョンなどを描くためには欠かせないスキルとなります。

　本当に先見性があるかを確認するには、予測が的中したかを判断しなければならないため数年～数十年かかります。そのため、先見性があるかどうかの判断は

主観的にも客観的にも難しいです。ただ、メンバー全員で同じビジョンを共有することは大切なので、想像力を働かせて未来についてイメージのすり合わせを行うことはチーム運営で重要な要素になります。

Column **抽象化と具体化**

　運用改善などの施策を行って、成功した際に横展開が求められることがあります。ただ、単純に成功した方法をそのまま横展開してもうまくいかない場合も多々あります。環境、人員構成、スキル、ツール類などの前提条件の違いがうまくいかない要因でしょう。そのため成功パターンを横展開するためには、自分たちの成功事例を汎用的な概念として抽象化し、パッケージとして違う業務へ解凍して具体化できるというスキルが必要になります。

▶図　抽象化した業務改善を横展開して具体化する

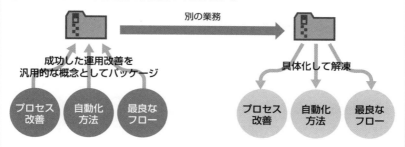

　この抽象化と具体化はコンセプチュアルスキルの大切な要素のひとつとなります。抽象化と具体化が行える人は、成功した運用改善方法はもちろん、サービス開発や他社のビジネス開発手法の取り入れなども得意になります。日々トレーニングとして「今の業務をパッケージ化するなら、どれとどれを残すのか？」といった抽象化の訓練や、ネット記事を見て「自分のチームに活かすならどのように実施するか？」といった具体化の訓練を行うことで鍛えることができます。

　毎日10分でもいいので時間を作り、こういったコンセプチュアルスキルを伸ばしていくトレーニングをしていけば、10年後には広い視野で物事を認識できるエンジニアになれると思います。お互いにがんばっていきましょう。

7.5.1　ヒューマンスキルとコンセプチュアルスキルの可視化

ヒューマンスキルとコンセプチュアルスキルのように定量化が難しいスキル
は、一般的にソフトスキルと呼ばれます。テクニカルスキルのように一定の基準
を定めた評価で判断することが難しいので、複数の関係者による多面評価（360
度評価）で可視化します。

ただ、ソフトスキルの評価は、慎重に行わないと人格否定やハラスメントにな
りますので注意してください。そもそも、ソフトスキルを正確に測定すること
は不可能です。ソフトスキル可視化の目的は、メンバーの強みの把握とスキルの長
期的な育成にあります。メンバーの足りないスキルを見つけて指摘することでは
ありません。

付録に記載した「心理的安全性」が確立されていないチームの場合、ソフトス
キル可視化は控えたほうがよいでしょう。

■自分以外のメンバーを評価する

上記を心の片隅に置いて、多面評価によるスキルの可視化方法を確認していき
ましょう。評価に自分を入れると自分を基準に評価してしまうため、基本は自分
を抜いたメンバーの評価を行います。次ページの表は、7.3.2 項（P226）で登
場した仮想の運用チームメンバーを例に作成しました。

評価は相対評価でなく絶対評価で行いましょう。特にコンセプチュアルスキル
については、年齢や職歴があまり関係ないものもあるので、その人に対する印象
を絶対評価で数値化していきます。リーダーの佐藤さんから見た評価だと、年齢
と経験が上の高橋さんよりも新人の田中さんのほうが総合得点では高くなってし
まいましたが、ソフトスキルは業界歴とは関係ないので逆転する場合もあります。
これは強みと特徴を探すためのチェックで、数値に関する基準もあいまいですの
で、総合得点はあまり気にしなくてもよいでしょう。

▶ 表　佐藤さんが自分以外のメンバーを評価する

大項目	スキル名	鈴木	高橋	田中
ヒューマンスキル	リーダーシップ（組織化）	4	3	4
	コミュニケーション（文章力含む）	4	3	5
	ファシリテーション	3	3	3
	コーチング	5	3	2
	プレゼンテーション（提案力）	3	3	2
	交渉／折衝力（ネゴシエーション）調整力（アジャストメント）	3	3	2
	ヒアリング（傾聴）	5	3	5
	動機付け（働きかけ力）	4	3	3
	向上心	4	2	4
コンセプチュアルスキル	ロジカルシンキング（論理的思考）	3	4	2
	ラテラルシンキング（水平思考）	4	2	2
	クリティカルシンキング（批判的思考）	3	4	2
	多面的視野	3	4	2
	柔軟性	4	2	2
	受容性	3	2	5
	知的好奇心	4	4	5
	探究心	3	4	4
	応用力	4	3	3
	洞察力	4	3	3
	直観力（瞬発力・アドリブ力）	3	4	3
	チャレンジ精神	3	3	5
	俯瞰力（全体把握）	4	4	3
	先見性（想像力）	3	3	4
		83	72	75

※凡例：5：高い　4：やや高い　3：普通　2：やや低い　1：低い　ー：適性が評価できない

■複数の評価を並べて強みを導き出す

　本来は高橋さんと田中さんにも評価してもらって傾向を出すのですが、今回はリーダーの佐藤さん、サブリーダーの鈴木さんの結果から、メンバーの高橋さんと田中さんの結果を分析してみましょう。2人の結果を並べて、共通して評価の高い項目をピックアップしていきます。

▶表　佐藤さんと鈴木さんの評価から高橋さんと田中さんの強みを導き出す。

大項目	スキル名	佐藤		鈴木	
		高橋	田中	高橋	田中
ヒューマンスキル	リーダーシップ（組織化）	3	4	4	4
	コミュニケーション（文章力含む）	3	5	3	5
	ファシリテーション	3	3	3	3
	コーチング	3	2	3	2
	プレゼンテーション（提案力）	3	2	3	2
	交渉／折衝力（ネゴシエーション） 調整力（アジャストメント）	3	2	4	3
	ヒアリング（傾聴）	3	5	3	4
	動機付け（働きかけ力）	3	3	3	3
コンセプチュアルスキル	ロジカルシンキング（論理的思考）	4	2	5	3
	クリティカルシンキング（批判的思考）	4	2	5	3
	ラテラルシンキング（水平思考）	2	2	3	3
	多面的視野	4	2	4	2
	柔軟性	2	2	2	2
	受容性	2	5	2	5
	探究心	4	4	4	4
	応用力	3	3	4	3
	洞察力	3	3	4	3
	直観力（瞬発力・アドリブ力）	4	3	4	3
	知的好奇心	4	5	4	5
	向上心	2	4	3	5
	チャレンジ精神	3	5	3	5
	俯瞰力（全体把握）	4	3	4	3
	先見性（想像力）	3	4	3	4
		72	75	80	79

　2 人とも、4 と 5 をつけた箇所をそれぞれの強みとして判断しています。結果として、高橋さんと田中さん、それぞれの強みは以下となります。

高橋さん

・ロジカルシンキング（論理的思考）

・クリティカルシンキング（批判的思考）

・多面的視野

・知的好奇心

・探究心

・直観力（瞬発力・アドリブ力）

　ヒューマンスキルに強みはありませんが、コンセプチュアルスキルの問題解決、課題発見といった面に強みが固まっています。物事を冷静に扱うことができて、新しいモノに興味があり、深く探求して直観的にアイデアを出すこともできる人であるといえるでしょう。ただし、リーダーシップを発揮して人を引っ張っていったり、自分の考えていることを大勢に伝えたりするのは少し苦手なのかもしれません。本人がヒューマンスキルに課題を感じて改善したいと思っているなら、訓練して伸ばしていくことを検討してもよいですが、苦手意識があり興味を持てないようであればスペシャリストを目指してもらう方がよいかもしれません。

田中さん

・リーダーシップ（組織化）

・コミュニケーション（文章力含む）

・ヒアリング（傾聴）

・向上心

・受容性

・知的好奇心

・探究心

・チャレンジ精神

　積極性が高く、ヒューマンスキルにいくつか強みが見られます。海外留学経験がある影響か、違う考え方や文化を受け入れる受容性も高くあります。知的好奇心やチャレンジ精神も見て取れるので、広くテクニカルスキルをつけることで、全体を統括するジェネラリストを目指していくことができるかもしれません。とにかく新しいことにチャレンジしてもらい、いろいろな物事の見方を覚えることでさらにソフトスキルが伸びていく可能性が高いでしょう。

　ソフトスキルを可視化することによって、その人の傾向にあった役割にアサイ

ンすることができます。内向的な人に外交的な仕事をしてもらうのは苦痛であることが多いように、外交的な人に黙々と作業をしてもらうのも苦痛になりえます。人間は苦痛を伴う仕事を長期間続けることはできません。メンバーの望まない業務を割り当ててしまうことは離職につながります。マネージャーはメンバーのスキル傾向を鑑みて、本人と会話しながらチーム内の役割を決めていく必要があるでしょう。チームで仕事をするのであれば、人の特徴や強みを活かして、お互いを補填しあい成長できる環境を用意することが望まれます。

　本章で説明したスキル分類は本書サポートページからダウンロードすることが可能です。スキル可視化の際はご利用ください。

　続いて、メンバーのやる気の出し方についても考えてみましょう。

7.6 メンバーのタイプを知ってやる気の出し方を知る

1
2
3
4
5
6
7
8
A

　スキルと合わせてメンバーがなにを重視して仕事をするかを知ることは運用チームを作るうえで大切になります。新しいことにチャレンジしていくのが好きなメンバーもいれば、足元を固めて着実に進んでいくことが好きなメンバーもいるでしょう。どんな特性であれ、その人の特性を活かしてチーム構築をしなければなりません。

　メンバーがなにを重視して仕事をしているかについては、ハイディ・グラント・ハルバーソン氏の『やる気が上がる8つのスイッチ コロンビア大学のモチベーションの科学』に記載されている、**フォーカス**という考え方が参考になります。以下『やる気が上がる8つのスイッチ』に記載された内容から、概要だけ引用して説明します。

　フォーカスとは、その人がどのような人物になることに焦点（フォーカス）を合わせているかを意味しています。フォーカスには獲得フォーカスと回避フォーカスの2種類があります。

・獲得フォーカス（営業）
　高いレベルの仕事とは獲得。動機は称賛を得ること。リスクはチャレンジ。ポジティブ。多くのことに手を出しがち。抽象的な話が好き
・回避フォーカス（職人）
　高いレベルの仕事とは安定感と信頼感。動機は批判を避けること。リスクはピンチ。慎重。やり始めたことは最後までやる。具体的な話が好き

　この2つのフォーカスはどちらが良いということではなく、それぞれのやる気を出す環境と目指すべき姿が違ってきます。獲得フォーカスの人はエネルギッシュで楽天的で、革新的な人物を目指します。リスクに直面しても恐れずに必要なリスクを選択することができるようになります。

　回避フォーカスの人は責任感が強く信頼ができ、常に第二第三の矢をもってことに臨み、ミスが少ない職人的な人物を目指します。広く浅くよりは狭く深い専門性を持ち、自分と周囲をともに高めようとするホスピタリティがあります。

　この2つのタイプはやる気を出す環境が根本的に違います。それぞれのタイプは以下となります。

■獲得フォーカス

　獲得フォーカスの人は OJT で実践により新しいこと試したり学ぶことを好みます。ミスはあまり恐れません。物事が停滞することが彼らのやる気をそぎます。獲得フォーカスの人のやる気を引き出す方法は以下となります。

1 よくほめてポジティブで楽天的な環境を整える
2 目的をはっきり持たせる
3 アイデアを自由に出させる
4 この人は仕事を早く片づけたいと思っていることを忘れない
5 大きなビジョンを説明する
6 決断する時にはプラス面を考えさせる

■回避フォーカス

　回避フォーカスの人は、物事にとりかかる前に入念な準備が必要です。スロースターターですが、やることを理解できればしっかりとやり遂げます。正確に作業がしたいため、ミスを嫌がります。回避フォーカスの人のやる気を引き出す方法は以下となります。

1 建設的な批判と悲観主義でアプローチする
2 何を得るかより何を避けるべきかをはっきりさせる
3 出てきたアイデアを分析して、評価をしてもらう
4 じっくりと仕事に取り組めるようにする
5 具体的な指示を与える
6 決断する時にはマイナス面を考えさせる

　このようにフォーカスごとにやる気の出し方がまったく違うので、まずはメン

バーに自分がどちらのタイプなのかをヒアリングし、周りもそれらを理解しそれ
ぞれがやる気の出しやすい環境を準備する必要があります。まずはチームメン
バーへフォーカスの説明をして、自分がどちらのタイプかを自己評価してもらい
ましょう。明確にどちらかに分けるというよりは、以下の5段階ぐらいでメンバー
を判断しておくとよいでしょう。

- 獲得★★ ：強い獲得フォーカスの特性がある
- 獲得★ ：やや獲得フォーカスの特性がある
- 中立 ：どちらの特性もある
- 回避★ ：やや回避フォーカスの特性がある
- 回避★★ ：強い回避フォーカスの特性がある

先ほどの運用チームにも、フォーカスを当てはめてみましょう。

▶ 表　フォーカスの傾向

佐藤	獲得★
鈴木	回避★
高橋	回避★★
田中	獲得★★

このフォーカスはさまざまな箇所で活用することができます。絶対にミスがで
きない作業では、獲得フォーカスの強い佐藤さんと田中さんでやるよりも、回避
フォーカスのメンバーが1名は入っているほうが障害発生率は下がるでしょう。
逆に運用改善の検討やサービス開発会議のようなアイデア出しが必要な業務は、
回避フォーカスの強い鈴木さん、高橋さんだけでは慎重なアイデアが多くなって
しまう可能性が高まります。

仕事のやり方についても、フォーカスが近いメンバー同士のほうが似たやり方
を教わることができるといえます。違うやり方を学びたい場合は、フォーカスが
逆の人にやり方を聞くと新たな方法を知ることができる可能性が高まります。

自動化やAIなどの技術が向上したとしても、サービスを運用する主体はまだ
まだ人です。スキルやタイプについて知ることを通して、一緒に働くメンバーが
お互いのことを理解し能力を最大限に発揮できる環境を作り上げましょう。

7.7 まとめ

　7 章では運用チームに求められるスキルについて考えてきました。スキルについては専門書もたくさん出ていますし、テクノロジーの進化に伴って継続してアップデートしていく必要がある分野です。最後に 7 章のキーメッセージをまとめておきましょう。

・運用チームに新しい役割が求められてくるため、新たなスキルが必要になる
・メンバーのスキル向上は生産性の向上をもたらす
・スキルは、テクニカルスキル、ヒューマンスキル、コンセプチュアルスキルの 3 つがある
・テクニカルスキルは IT エンジニアとしてベースとなる必須スキルである
・テクニカルスキルは定量的な可視化がしやすい
・ソフトスキル（ヒューマンスキル、コンセプチュアルスキル）は多面評価（360 度評価）によって可視化することができる
・ソフトスキル可視化の目的は、メンバーの強みや特徴把握による働きやすい環境づくりである

　最終章の 8 章では、継続的な運用改善を実施していくために、改善活動が評価されるためにはどのような仕組みが必要かについて考えてみましょう。

## 第 8 章

運用改善が評価される
組織づくり

8.1 運用改善の目標を 企業の目標と一致させる

　ここまで運用改善についてのさまざまな施策を解説してきましたが、具体的な運用改善を実施する前に、準備しておくべきことがあります。それは運用改善の評価方法の確立です。評価されない活動は継続しないため、評価してもらうために計測できる達成目標を立てなければなりません。この達成目標があいまいだと、活動は求心力を失います。

　本章では、企業における評価の仕組みと、評価されやすい運用改善目標の立て方について解説していきましょう。

　作業を自動化して単純作業から解放されたい……、運用データを正しく可視化して、レポート作成や報告にかかる手間を減らしたい……。こういった、現場が楽をしたいと考えて実行する改善はいつだって正しいのですが、だれとも合意が取れていない状態で実施しては、何の評価を得ることもできません。それどころか、必死に改善して空けた稼働を「ヒマ」と認定されてしまい、本来の役割ではない仕事を押し付けられたり、チームメンバーを減らされてしまう可能性すらあります。

　そんな悲しい結果にならないために、運用改善の目標を明確にして、経営層と合意することは極めて重要です。

■企業の中で評価されやすい目標

　そもそも、評価されやすい目標とはどのようなものなのでしょうか？　たとえば、これから事業を拡大していこうとしている企業で、今はなによりもユーザーから信頼を得なければならない状況なのであれば、ミスやトラブルを減らしてサービスを安定させる目標が評価されるでしょう。あるいはすでに業界トップで信頼を得ている企業で、新しい価値の創造を目指しているのであれば、コラボレー

ションツールなどの活用を促進していく目標が評価されるかもしれません。

　つまり、評価されやすい目標を作成するためにまず考えなければならないことは、**運用改善の目標と会社の目標をつなげること**です。会社の目標と運用改善の目標をつなげることは、COBIT 2019 ではゴールのカスケード（達成目標の下方展開）と呼ばれています。

　達成目標の下方展開は、以下の流れで行われます。

◉図　達成目標の下方展開

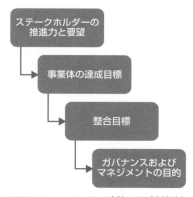

※引用：ISACA 著『COBIT 2019 フレームワーク：序論および方法論』p.29、「図表 4.16 － COBIT 目標のカスケード（展開）」／ 2018 年／ ISACA

　達成目標の下方展開がどのように行われるかを知ることは、継続的な運用改善活動をするためにも重要な知識となりますので解説していきます。

8.1.1　ステークホルダーの推進力と要望

　企業の一番大きく漠然とした目標であるビジョン（理想像、将来の展望）は、ステークホルダー（利害関係者）によって形成されます。一番のステークホルダーである経営者（CEO）が推進力をもって企業のビジョンを固めていき、その他のステークホルダーや顧客、市場、株主などの要望に応える形でより具体化していくことになります。

　会社で働くということは、経営者と一緒に会社のビジョンに向かって進んでいき、社会貢献していくということでもあります。会社のビジョンは、その会社の

ホームページの「社是」や「トップメッセージ」、「社長の言葉」などという形で見ることができます。

　ビジョンの段階では、言語化された内容は抽象的でなんとでも取れる内容がほとんどです。これを下方展開しながら具体的な目標にしていく必要があります。

◉図　ビジョンに影響を与える要素

8.1.2　事業体の達成目標

　事業体の達成目標は、ビジョンから導き出された企業全体での達成目標となります。抽象的だった企業のビジョンを具体的な戦略に落とし込んでいきます。この作業は経営者を含む経営層で行われ、一般的に **BSC**（Balanced Scorecard）という手法で策定していきます。

　BSC では、以下の 4 つの項目のバランスを考えながら、具体的な達成目標を決めていきます。

・財務の視点
・顧客の視点
・内部ビジネスプロセスの視点
・人材の学習と成長の視点

◉ 図　BSC の概念図

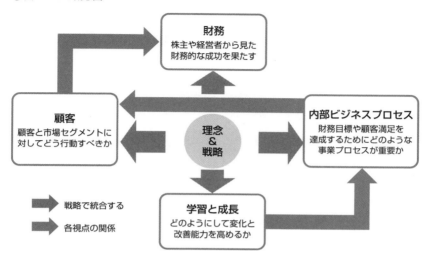

※引用：GLOBIS 知見録「BSC（バランススコアカード）とは？概念や有効性」―「BSC の概念図」
／グロービス（2021 年 3 月 10 日）
https://globis.jp/article/4840

　図だけを見ると複雑に思えますが、良い人材が育つことで社内に良い事業や業務プロセスが生まれ、それによって顧客に良い価値を提供できるようになり、最終的に企業が潤い社員や株主に還元される、という真っ当な話です。

　上記 4 つの項目のうち、現在から近い未来にかけて、どの項目に重点を置くのかを判断して、事業体の達成目標を定めていきます。企業を取り巻く環境は常に変化するため、事業体の達成目標も常に変化していきます。

　ここで定めた事業体の達成目標が、次の整合目標のインプットとなります。

8.1.3　整合目標

　整合目標では、事業体の達成目標をどのように IT で統治（ガバナンス）していくかを決めていきます。たとえば、事業をヨーロッパへ展開していくという達成目標が立てられた場合は、既存システムを「EU 一般データ保護規則」（GDPR：General Data Protection Regulation）に対応させるためセキュリティの強化

が必要となるでしょう。新たな領域の顧客獲得を目指す場合は、新たなアプリなどを作成してサービスポートフォリオの見直しが必要になるかもしれません。

　整合目標を決める際は、BSC を IT 向けに応用した **ITBSC** という手法を利用します。ITBSC の考え方は基本的には BSC と同じですが、EGIT（Enterprise Governance of Information and Technology）の掲げる以下の 3 つの効果が特に意識されています。

① 効果の実現

　サービスとソリューションを期限どおり、かつ予算内で提供し効果を実現する。提供される効果は事業価値に直結するものでなければいけない。

② リスクの最適化

　適切なリスクマネジメントを行い、リスクを洗い出し、絞り込み、対応優先度を決め、リスク対応や一定期間での見直しを実行する。これによって将来的に発生するリスク（ピンチやチャンス）の管理を行えるようにする。

③ 資源の最適化

　十分かつ適切で有効な資源を提供する。ハードウェアとソフトウェアに合わせて、人材の重要性が認識され、教育の実施、要員確保の促進、IT 担当者のコンピテンシー（遂行能力）の確保に重点が置かれる。また、データ（表面的な事実）と情報（データを通して得られた知識）が重要な資源であり、それを活用することが資源最適化の重要な要素である。

　事業体の達成目標とこの 3 つの効果を考慮したうえで、整合目標を定めていきます。COBIT 2019 では、以下の 13 個の目標が COBIT コアモデルとして提示されています。この中から達成目標にあてはまるものを「ガバナンスおよびマネジメントの目標」として下方展開します。

> ・外部の法令と規制に対する I & T コンプライアンスとビジネスコンプライアンスへの支援
> ・I & T 関連リスクの管理
> ・I & T 対応投資とサービス・ポートフォリオにより実現された利益
> ・テクノロジー関連の財務情報の品質

> ・ビジネス要件に合致したI＆Tサービスの提供
>
> ・ビジネス要件を運用ソリューションに変えるアジリティ
>
> ・情報、処理基盤、アプリケーション、プライバシーのセキュリティ
>
> ・アプリケーションとテクノロジーを統合することによる、ビジネスプロセスの実現と支援
>
> ・納期、予算、要件および品質基準を守るプログラムの提供
>
> ・I＆T経営情報の品質
>
> ・内部ポリシーへのI＆Tの準拠
>
> ・テクノロジーと業務における相互理解を備えた有能でやる気のあるスタッフ
>
> ・ビジネスイノベーションのための知識、専門性およびイニシアチブ

※引用：ISACA 著『COBIT 2019 フレームワーク：序論および方法論』p.31-32「図表 4.18 －目標のカスケード（展開）：整合目標と評価尺度」の「整合目標」列を抜粋／ 2018 年／ ISACA

8.1.4　ガバナンスおよびマネジメントの目標

　整合目標は、ビジョンや事業体の目標に比べればだいぶ具体的になってきていますが、運用チームが実施するにはまだ抽象的すぎます。

　ガバナンスおよびマネジメントの目標からは、各部門の部長や課長といった現場に近い管理者が考える目標になります。つまり、**ここから先が運用チームの改善したい具体的な内容を反映していくステップ**です。

　ただ、整合目標からいきなり「運用作業を自動化したい」という具体的な目標を掲げても、少し論理の飛躍があります。まずは、**運用作業の自動化が会社のビジョンとも企業の達成目標とも一致しているという説明が必要**です。

　説明が難しい場合は、COBIT 2019 の中に「I＆T 関連課題」というとても網羅性の高い項目が用意されているので、参考にしてみるのもよいでしょう。以下にI＆T 関連課題の一部を引用します。

> ・ビジネス価値への貢献度が低いという認識を原因とする、組織全体に渡るさまざまな IT エンティティ間のフラストレーション
>
> ・イニシアチブの失敗、またはビジネス価値への貢献が低いという認識を原因とする、ビジネス部門（つまり IT 顧客）と IT 部門の間のフラストレーション

- ・データ損失、セキュリティ損害、プロジェクトの失敗、アプリケーションエラー、その他の IT に紐づく、重大な IT 関連インシデント
- ・IT 外部委託業者によるサービス提供の問題
- ・IT 関連の規制または契約上の要求事項を満たしていない
- ・定期監査の発見事項、IT パフォーマンスの低下または報告された IT 品質やサービス問題に関するその他のアセスメント報告書
- ・実在するが隠れていて不正な IT 支出、つまり、通常の IT 投資決定メカニズムや承認された予算統制外の、ユーザー部門による IT 支出
- ・さまざまなイニシアチブ間の重複またはオーバーラップ、あるいはその他の形式の無駄なリソース
- ・不十分な IT リソース、十分なスキルのないスタッフ、スタッフ間の燃え尽き／不満
- ・ビジネスニーズを満たしていない、提供が遅い、または頻繁に予算オーバーとなっている IT 対応の変更またはプロジェクト
- ・取締役、役員、上級経営者による IT 部門への関与に対する躊躇、または、IT に対する献身的なビジネス支援の欠如
- ・複雑な IT 運用モデルおよび／または IT に関連する判断のための不明確な意思決定メカニズム
- ・高すぎる IT コスト
- ・現在の IT アーキテクチャおよびシステムによる新しいイニシアチブまたはイノベーションの導入の妨害または失敗
- ・ビジネスユーザーと情報および／または技術の専門家が異なる言語を話すことにつながるビジネス知識と技術知識の間のギャップ
- ・データ品質およびさまざまなソースに渡るデータの総合に関する日常的な課題
- ・ほかの問題の中で開発中および運用中のアプリケーションに対する監視の欠如および品質統制の欠如を引き起こす高いレベルのエンドユーザーコンピューティング
- ・事業体の IT 部門にほとんど、またはまったく関わりあうことなく、独自の情報ソリューションを導入しているビジネス部門
- ・プライバシー規制の無視および／または違反

> ・新しいテクノロジーを利用したり、I ＆ T を使用して革新したりすること
> ができない

※引用：ISACA 著『COBIT 2019 フレームワーク：序論および方法論』p.25-26「図表 4.8 － I&T 関
連の課題の設計要因」の「説明」列を抜粋／ 2018 年／ ISACA

　みなさんの勤める会社にも、当てはまる課題がいくつかあるのではないでしょ
うか？
　具体的な利用例としては、［I ＆ T 関連課題の項目］を改善するために［改善
施策］を行う、といった形で改善目標の設定に使います。
　いくつか例文を記載しておきます。

・「高すぎる IT コスト」を改善するために「作業の自動化」を行う
・「データ品質およびさまざまなソースに渡るデータの総合に関する日常的な課
　題」を改善するために「運用業務プロセスの可視化」を行う

　COBIT 2019 には、項目を選ぶだけで改善すべき領域を数値で示してくれる
表などが用意されており、このフレームワークを利用すればすばやく運用改善の
目標を定めることができます。
　COBIT 2019 に関する電子書籍（PDF）は、ISACA のユーザー登録を行えば
いくつか無料でダウンロードすることができます。本章で引用した『COBIT
2019 フレームワーク：序論および方法論』もそのひとつです。運用改善の目標
を立てなければならない立場にある方や、IT ガバナンスなどに興味のある方は
ぜひダウンロードしてみてください。

・『COBIT 2019 フレームワーク：序論および方法論』（原題：COBIT 2019
　Framework: Introduction and Methodology）
　https://www.isaca.org/bookstore/bookstore-cobit_19-digital/
　wcb19fim

　ほかにも、井上正和氏（情報戦略モデル研究所）著の『COBIT 2019 による I
＆ T ガバナンスの図解解説』が非常にわかりやすいので、まずは COBIT 2019

の概要を知りたいという方にお勧めです。

　このように、ゴールのカスケードを利用することで、評価されやすく一貫性の
ある運用改善の目標を立てることができます。

　ただし、正当な評価を受けるためには、さらに実施効果を数値として測定でき
る形にして KPI（Key Performance Indicator：重要業績評価指標）を立て、
実施結果を経営層へフィードバックしなければなりません。

　次は定めた目標から導き出した運用改善を実施した結果、どのように評価を得
られるのかを解説しましょう。

ここがポイント！

> ビジョンから具体的な目標を正しく読み解いていく必要があります
> ね！

8.2 運用改善の実施 モニタリングと評価

　せっかく一貫性と整合性のとれた目標を定めても、実施結果が正しく評価されなくてはモチベーションを維持することは難しいでしょう。

　これは、COBIT 5 でガバナンスとマネジメントの関係として説明されています。

▶図　ガバナンスとマネジメントの関係

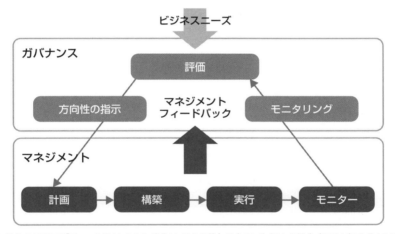

※出典:COBIT 5 「5.　マネジメントからガバナンスを分離」日本 IT ガバナンス協会 (2021 年 3 月 10 日)
　　　https://www.itgi.jp/index.php/cobit5/cobit5/principles/5

　本書でのガバナンスとマネジメントの定義は以下とします。

・ガバナンス：IT ガバナンスの略。企業の IT 活用を監視・規律することやその仕組み。管理者は経営層（おもに CIO：Chief Information Officer：最高情報責任者）となる
・マネジメント：組織を管理・運営すること。管理者は部門長などの管理職となる

　ガバナンスでは、前述の「ガバナンスおよびマネジメントの目標」で定めた目標から「方向性の指示」を行い、マネジメントで「計画」「構築」「実行」「モニター」の４つのプロセスを実施します。この実際の計画／構築／実行／モニターの流れは、4 章で「7 ステップの改善プロセス」として解説した内容です。

　ガバナンスとマネジメントの関係で一番大切なことは、**目標から測定可能な KPI を導き出し、数値でモニタリングできる状態にすること**です。KPI をモニタリングできるようになって初めて、評価も含めた運用改善のサイクルが回り始めます。

　運用改善を継続させるには、整合性のとれた目標と KPI モニタリングを中心とした、**ガバナンスとマネジメントの良好な関係**が重要な要素となります。良好な関係を築くために、マネジメントからの報告は「がんばってやりました！　うまくいきました！」といった感覚ではなく、徹底的に数字を意識する必要があります。実施前後の KPI 値比較を徹底し、定量的なモニタリングができる態勢と文化を整えていくことがなにより大切です。

　評価を受けやすい運用改善を行うためには、これまでよりも少し視座を上げ、運用改善がビジネス目標と整合していることを確認しながら、データとテクノロジーを活用して社員の生産性向上とユーザーの満足度向上を目指す必要があります。

　運用者が管理している IT サービスを中心とした大きなサイクルを意識し、継続した運用改善が実施できるような仕組みを作り上げていきましょう。

◉ 図　運用改善と目標設定のサイクル

8.3 まとめ

8章を通して目標設定と評価の流れ、その重要性をお伝えしてきました。
8章のキーメッセージをまとめておきましょう。

・企業のビジョンから正しく達成目標の下方展開を行う
・目標は企業の置かれた状況によって流動的に変わる
・正しく評価されるためには、KPIを定量的なデータでモニターできるようにする
・企業とユーザーを大きくとらえて、運用改善のサイクルを回していく

運用改善のゴールは「継続的に運用改善ができる組織を作る」ということです。そのためには、運用改善が正しく評価される必要があります。経営層と良好なコミュニケーションをとって、成果を評価してもらえるようにしていきましょう。

Appendix

A.1 運用改善と心理的安全性

　変化と不確定要素が多い時代では、現状を打開するアイデアを考えたり、新しい方法を試していく必要があります。そうなると個人のスキルアップだけでなく、チームのマインドセットについても新たな考えが求められてきます。これからの時代に必要となるチームの風土について少し解説しておきましょう。

　まずチームを運営するうえで考えたいのが、**心理的安全性**です。1999年にハーバード ビジネス スクールのエイミー・C・エドモンドソン（Amy C. Edmondson）教授によって、心理的安全性は以下のように定義されています。

Team psychological safety is defined as a shared belief that the team is safe for interpersonal risk taking.

(中略)

The term is meant to suggest neither a careless sense of permissiveness, nor an unrelentingly positive affect but, rather, a sense of confidence that the team will not embarrass, reject, or punish someone for speaking up. This confidence stems from mutual respect and trust among team members.

　チームの心理的安全性は、チームが対人関係のリスクを冒しても安全であるという共通の信念として定義されます。

(中略)

　この用語は、必要以上に寛容になったり肯定的な感情を出すことではなく、チームが誰かの発言を恥ずかしく思ったり、拒否したり、罰したりしないという確信を持っていることを意味します。この確信は、チームメンバー間の相互の尊重と信頼から生じています。

※引用：Amy Edmondson 著「Psychological Safety and Learning Behavior in Work Teams」
（『Administrative Science Quarterly』Vol.44、No.2（Jun., 1999）、pp.350-383
／ Johnson Graduate School of Management, Cornell University ／ 1999 年）

　この考え方は、2015 年に Google が AP 通信との共同研究の成果として「チームを成功へと導く 5 つの鍵」を発表して以降、急速に認知度が上がっていきました。

　変化に対応するためにはイノベーションが必要ですが、イノベーションにはミスがつきものです。ミスに対して非難されることが続くと、何かにチャレンジしようとする気持ちは減っていきます。そうならないために、ミスが発生することを前提として、ミスをしても非難されることがなくチャレンジできる、心理的に安全な状態であることがチームに求められています（ここでいうミスは作業ミスではありません。作業ミスは減らしていかなければなりませんし、可能なら自動化したほうがよいでしょう）。

　「チームを成功へと導く 5 つの鍵」では、心理的安全性を土台に 5 つの項目が挙げられています。

▶表　チームを成功へと導く 5 つの鍵

No.	項目	内容
1	心理的安全性 Psychological safety	チームメンバーがリスクをとることを安全だと感じ、お互いに対して弱い部分もさらけ出すことができる
2	相互信頼 Dependability	チームメンバーが他のメンバーが仕事を高いクオリティで時間内に仕上げてくれると感じている
3	構造と明瞭さ Structure & clarity	チームの役割、計画、目的が明確になっている
4	仕事の意味 Meaning of work	チームメンバーは仕事が自分にとって意味があると感じている
5	仕事のインパクト Impact of work	チームメンバーは自分の仕事について、意義があり、良い変化を生むものだと思っている

※参考：https://rework.withgoogle.com/jp/guides/understanding-team-effectiveness/steps/help-teams-determine-their-needs/

　考え方を理解したからといって、明日からチームに心理的安全性がもたらせるわけではありません。少しずつ行動と環境を変えていく必要があります。

A.1.1　具体的な心理的な安全性が必要となる状況

次に心理的安全性はどんな状況の時に必要なのかを考えてみましょう。

■新しい価値を創出する役割がある

心理的安全性が必要な組織は、その前提としてチームの役割に「新しい価値を創出する」ことを割り当てられていることがあります。

逆に、決められたことを確実にこなすことを求められているチームに、心理的安全性を導入すると、ミスを許すだけのただのぬるま湯になってしまう可能性もあります。決められた業務を忠実にこなすためのチームなら、規律を重んじる風土のほうがミスなく効率的に業務を実行できるでしょう。

■ダイバーシティを重視してハラスメントを駆逐する

イノベーションの答えは1つではなく、明確でもありません。このため、何が効果的かわからないのでこれまでの経験はあまり意味を持ちません。そうなると、問題に対するアプローチとしては多種多様な人が集まって、さまざまなアイデアを迅速に試していくことがもっとも成功率の高い方法だと言えます。

たとえば、新しいサービスを広めようと試みているときに、40歳のおじさんが5人集まってアイデアを考えるよりも、若い女性や国籍の違う方などが対等に発言できるチームのほうが多種多様なアイデアが出そうなことは、少し想像するだけでもわかります。

ただし、さまざまなタイプの人が集まるとどうしても認識の齟齬や軋轢が生まれます。そのためハラスメントには気を付けなければなりません。

ハラスメントによる抑圧は、メンバーのパフォーマンスを低下させて生産性を下げます。ハラスメントのほとんどは、無知による無意識の暴力性の発露です。ダイバーシティを維持するためにハラスメントに対する理解を深め、性別、年齢、性格、学歴、文化など、価値観の違いを知り、許容できるようになる必要があります。

■マインドセットを証明から成長へ変えていく

書籍『やる気が上がる8つのスイッチ』の中に、マインドセットには証明と成長の2つがあると説明されています。証明のマインドセットは「すごい人と思われたい」、成長のマインドセットの人は「すごい人になりたい」と考えてい

ます。証明マインドセットは評価が他者比較になるため、自分にできないことがあることを知られるのを恐れ、積極的な行動はあまりしません。逆に成長マインドセットの人は自分が成長することが活動の主軸になるので、他人の目はあまり気にしません。難しい課題に直面しても、自分の成長になるのであれば粘り強くがんばっていけます。

　チーム全体として成長マインドセットを根付かせるためには、物事の成否を評価対象とせず、個人とチームの成長を評価対象にするしかありません。また、チームで KPI を立てる場合でも、成長マインドセットを意識するとよいでしょう。新しいアイデアを考えられるチームにしたいのであれば、内容は問わず半年で企画書を 10 本作るといったことを KPI にすれば、メンバーに対して明確なメッセージとなります。

A.1.2　心理的安全性の測定方法

　どれぐらい心理的安全性が保たれているかは、7 つの質問によって確認することができます。チームメンバーへ 5 段階で以下の項目のアンケートをして、現状でどれぐらいの心理的な安全性が担保できているかを自己診断してみるのもよいでしょう。

▶ 表　心理的安全性を測定する 7 つの質問

アンケート項目	大いに当てはまる	当てはまる	どちらでもない	当てはまらない	大いに当てはまらない
もし自分がこのチームでミスをしても、批難されることは少ない。	5	4	3	2	1
このチームのメンバー達は、困難な課題も提起することができる。	5	4	3	2	1
このチームの人たちは、異質なモノを排除しない。	5	4	3	2	1
このチームなら、安心してリスクを取ることができる。	5	4	3	2	1
このチームのメンバーに対して、助けを求めることは歓迎される。	5	4	3	2	1
このチームに、個人の成果をわざと無下にするような人はだれもいない。	5	4	3	2	1
このチームの中で、私個人のスキルと才能は尊重され役に立っている。	5	4	3	2	1

運用のアウトソース

現在、さまざまな会社から IT 運用サービスが提供されています。企業において IT 運用のどこをアウトソースして、なにを内製化するのかは難しい問題かと思います。そこで、アウトソース（運用業務委託）と内製化についての判断基準を、目的から少し考察してみたいと思います。

A.2.1　運用アウトソースする目的

まずは、運用をアウトソースする目的を考えてみましょう。IT がビジネスにおいて重要な要素になってきたことにより、情報システム部門や IT に詳しい社員は、利益につながるサービス開発などのコア業務を行うことが求められています。そのようなコア業務に時間を当てるためには、自社社員から IT システムを維持するための運用保守業務を減らしていく必要があります。

一般的にアウトソースする業務は以下のようなものがあります。

▶表　一般的にアウトソースが検討される業務

業務名	業務内容
サービスデスク業務	ユーザーからの問い合わせ回答、一次回答、切り分けなど、一般社員からの IT に関する問い合わせ業務を代行する
データセンター業務	物理サーバーを設置するのに適した施設を提供し、ハードウェア故障やランプチェックなどの業務を代行する
監視業務	24 時間 365 日のシステム監視、アラート発報、一次対応などをサービスとして提供する
ネットワーク管理	ネットワーク機器の管理、設定変更、故障対応などの業務を代行する
PC ライフサイクル管理	パソコン本体の管理から、個別の設定、故障時の交換機対応、廃棄処理までパソコンのライフサイクル全般を提供する
IT 基盤運用業務	サーバーのパッチ適用やバックアップ、手順に従った定型業務など、IT システム基盤に関する業務を代行する
SOC（Security Operation Center）	ネットワークやデバイスのログなどを監視し、サイバー攻撃の検知、攻撃の分析、対応策のアドバイスを行う
クラウド管理	クラウドの全体管理、アクセス権の管理や課金管理、サービス払い出し、利用設定などの業務を代行する

　これらの業務は、企業の特徴による差がほとんどなく、業務内容がコモディティ化（同質化）しているという特徴があります。依頼される側のベンダーとしては、業務を複数の会社から同じ業務を請け負うことで、横断的に効率化や自動化をしてさらなる集約性を高めることができます。

◆図　アウトソースを進める範囲と内製化を進める範囲

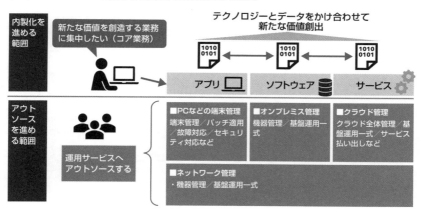

　アウトソースするかどうかを判断するためには、一般的には以下のようなチェックを行います。

◆表　アウトソース　チェック項目

#	チェック項目	概要／懸念事項
1	業務委託範囲を明確に定めることができ、それらのほとんどをアウトソースすることができる	業務委託範囲が不明確で、特定の業務しかアウトソースできない場合、業務委託先の管理などを含めると業務が削減されない可能性がある
2	一般社員から業務委託範囲に対する申請業務がある場合、申請内容を固定化することができる	申請内容が固定化できない場合、一般社員からの申請と業務委託先との調整業務が発生し、業務が削減されない可能性がある
3	アウトソースしたら自社社員でやるよりもコストが下がっている	必要以上のサービスが含まれて、アウトソース前よりもコストが増加してしまう可能性がある
4	吸収合併による社員の増加、海外への事業拡大など、今後予定されている企業のイベントに対応できる	物理機器を含む業務を委託する場合、簡単に乗り換えることが難しいので、社員増加や事業拡大に対応できるかを事前に確認しておく必要がある

5	企業が必要としている資格などの条件を満たしている	ISMS 認証という多くの企業に求められるものから、欧州に事業展開している場合は GDPR（General Data Protection Regulation）、金融業界の場合は FISC 安全対策基準を満たしているかなど、企業の規模や業界特有の資格要素を満たしているかを確認しておく必要がある
6	該当の業務をアウトソースしても、自社の事業に与える影響が少ない	業務委託する範囲が自社ビジネスと直結している場合、ノウハウやスキルが自社内に残らないのでビジネスが弱体化してしまう可能性があるその業務を行っている人が自社からいなくなっても、コア業務の推進に影響がないかを確認しておく必要がある
7	業務委託先に事業を継続していく実績がある	業務委託先のこれまでの実績や経営状況などを確認して、業務を委託しても問題ないかを判断する必要がある

A.2.2　アウトソースによる運用のブラックボックス化に対する対処

企業が運用業務委託に求めているのは、おもに以下となります。

・サービスが止まらない
・ランニングコストが安い
・変更作業が早く確実
・管理などの手間がかからない

これらの基本的な要求は、アウトソースしている範囲が小さい場合には問題なく提供されるかと思います。しかし、大企業で複数のベンダーに運用業務委託されていると、契約やコミュニケーションなどの問題で求めているサービスの提供が難しくなる場合があります。さらに長い間、問題を放置するとベンダーによる運用のブラックボックス化が起こってしまいます。

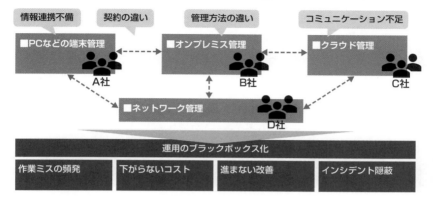

● 図　運用アウトソースによる運用のブラックボックス化

　業務を委託されている会社としては、契約した範囲はこなしているので問題がないと思っているのかもしれませんが、他の契約組織とのコミュニケーションロスで大きな障害が定期的に発生してしまうようなケースもあります。改善活動を行うにも、契約の違いや管理方法の違いがあるため、なかなかうまく進みません。こうした状況を打開するためには、各社と契約を見直す際に以下を検討するとよいでしょう。

・関連業務との調整役を立てることを契約に含める
・関連業務と連携した改善活動を行うことを契約に含める

　契約の見直しと合わせて、サプライヤ管理とベンダーを横断した改善活動を行うプロパー社員を配置して、ブラックボックス化改善の活動自体が評価されるようにしておきましょう。今後もさまざまな運用サービスが開発されてくると思いますが、上記を参考にして企業に必要なサービスを選定していってください。

Column サービスの種類によって運用チームを分ける

　企業のサービスを利用する人は、ユーザーと社員の2タイプがあります。それぞれに利用するサービスの種類は違います。たとえば、営業社員はSoRである販売管理システムや購買管理システムといった基幹システムを利用してユーザーへサービス提供を行います。企画/開発部署の社員であれば、SoIである会社の持っているビッグデータをAIなどを使って分析して新しいサービスの開発などを行います。ユーザーはSoEであるショッピングサイトから商品を買ったり会員限定のおすすめ情報などを手に入れてお気に入りの企業との結び付きを強めていくでしょう。

　特にSoEとSoRでは目的がまったく違うので、同じ運用チームで同じ運用を行うことが難しくなっていきます。スピードを求められるSoEと、信頼性を求められるSoRでは利用するツールも違うし、行動に対する評価軸も変わってきます。そのため、大企業であればSoEを担当するチームとSoRを担当するチームを分けることを検討してもよいでしょう。運用組織全体として開発/リリースの速度を速く保ちつつ、運用の信頼性を上げることも可能ですが、体制を厚くしなければならないためコストもかかります。新しいシステム形態に合わせて、運用体制と評価軸も少しずつ変えていく必要があります。

A.3　参考資料

　最後に本書執筆にあたって参考にした文献や論文、サイト、動画などを、キーワードごとにまとめておきます。

■ITIL 4

・IT プレナーズ

https://www.itpreneurs.co.jp/itil-4/

■COBIT 5/COBIT 2019

・『COBIT2019 による I & T ガバナンスの図解解説』

井上正和 著／情報戦略モデル研究所／ 2020 年

・ITGI Japan　日本 IT ガバナンス協会

https://itgi.jp/index.php

・ISACA

https://www.isaca.org/

・ISACA 書籍ダウンロード（一部は無料で入手可能）

https://www.isaca.org/bookstore/bookstore-cobit_19-digital/wcb19fim

■VeriSM

・VeriSM

https://verism.global/

・EXIN - Driving Professional Growth - 10 Steps towards Successful Digital Transformation（動画）

https://www.youtube.com/watch?v=HP7peTd7TWg

■IaC、CI/CD

・『Infrastructure as Code ―クラウドにおけるサーバー管理の原則とプラクティス』
Kief Morris 著、宮下剛輔 監訳、長尾高弘 訳／オライリー・ジャパン／2017 年
・Forkwell【エンジニア向け勉強会チャンネル】〜インフラ技術を網羅的に学ぶ Infra Study Meetup シリーズ〜（動画）
https://www.youtube.com/channel/UCWHQMR_g93ZcbJLLHBoEp3A

■DevOps/SRE

・『Effective DevOps ―4 本柱による持続可能な組織文化の育て方』
Jennifer Davis、Ryn Daniels 著、吉羽龍太郎 監訳、長尾高弘 訳／オライリー・ジャパン／ 2018 年
・『SRE サイトリライアビリティエンジニアリング ―Google の信頼性を支えるエンジニアリングチーム』
Betsy Beyer、Chris Jones、Jennifer Petoff、Niall Richard Murphy 編、澤田武男、関根達夫、細川一茂、矢吹大輔 監訳、Sky 株式会社 玉川竜司 訳／オライリー・ジャパン／ 2017 年
・『サイトリライアビリティワークブック ―SRE の実践方法』
Betsy Beyer、Niall Richard Murphy、David K. Rensin、Kent Kawahara、Stephen Thorne 編、澤田武男、関根達夫、細川一茂、矢吹大輔 監訳、玉川竜司 訳／オライリー・ジャパン／ 2020 年

■セキュリティ

・内閣サイバーセキュリティセンター（NISC）
https://www.nisc.go.jp/
・NISC：重要インフラの情報セキュリティ対策に係る第 4 次行動計画
https://www.nisc.go.jp/active/infra/outline.html
・NISC：重要インフラにおける情報セキュリティ確保に係る安全基準等策定指針（第 5 版）
https://www.nisc.go.jp/active/infra/pdf/shishin5.pdf

・NIST SP800-207「ゼロトラスト・アーキテクチャ」の解説と日本語訳（PwC Japan グループ）

https://www.pwc.com/jp/ja/knowledge/column/awareness-cyber-security/zero-trust-architecture-jp.html

・IPA：セキュリティ関連 NIST 文書

https://www.ipa.go.jp/security/publications/nist/

■ スキル / モチベーション / 組織

・『スキル・アプローチによる優秀な管理者への道』

Katz L. Robert 著／ダイアモンド社／ 1982 年

・『失敗の科学 失敗から学習する組織、学習できない組織』

マシュー・サイド 著、有枝春 訳／ディスカヴァー・トゥエンティワン／ 2016 年

・『やり抜く人の 9 つの習慣 コロンビア大学の成功の科学』

ハイディ・グラント・ハルバーソン 著、林田レジリ浩文 訳／ディスカヴァー・トゥエンティワン／ 2017 年

・『やる気が上がる 8 つのスイッチ』

ハイディ・グラント・ハルバーソン 著、林田レジリ浩文 訳、ディスカヴァー・トゥエンティワン／ 2019 年

・IPA：情報システムユーザースキル標準（UISS）

https://www.ipa.go.jp/jinzai/itss/uiss/uiss_download_Ver2_2.html

・IPA：IT スキル標準（ITSS）

https://www.ipa.go.jp/jinzai/itss/download_V3_2011.html

・IPA：i コンピテンシ ディクショナリ（iCD）

https://www.ipa.go.jp/jinzai/hrd/i_competency_dictionary/download.html

・IPA：ITSS+

https://www.ipa.go.jp/jinzai/itss/itssplus.html

■ クラウドサービス全体

・『クラウドエンジニア養成読本［クラウドを武器にするための知識＆実例満載！］』

佐々木拓郎、西谷圭介、福井厚、寳野雄太、金子亨、廣瀬一海、菊池修治、松井基勝、田部井一成、吉田裕貴、石川修、竹林信哉 著／技術評論社／ 2018 年

■ 業界動向

・『シン・ニホン AI ×データ時代における日本の再生と人材育成』

安宅和人 著／ NewsPicks パブリッシング／ 2020 年

・『IT 負債 基幹系システム「2025 年の崖」を飛び越えろ』

室脇慶彦 著／日経 BP ／ 2019 年

・DX レポート 〜 IT システム「2025 年の崖」克服と DX の本格的な展開〜（経済産業省）

https://www.meti.go.jp/shingikai/mono_info_service/digital_transformation/20180907_report.html

https://www.meti.go.jp/press/2020/12/20201228004/20201228004.html

あとがき

　前著の『運用設計の教科書』を書き上げた時に、かなり書き残したことがあると感じていました。書き残したと感じた内容は、運用開始後にどのように運用を良くしていくかという運用改善についてでした。運用設計をしっかりと定義できたからこそ、運用開始後の運用改善についても明確に見えてきたのでしょう。そういった意味では、『運用設計の教科書』と『運用改善の教科書』は上下巻ということもできます。

　本書には 2021 年時点で私が実際に実施しているやり方、検討しておいたほうが良いと思う内容をできる限り詰め込みました。本書に記載されている情報はアップデートされていきますし、フレームワークも時代に合ったものが新たに出てくるでしょう。エンジニアを続ける以上は、新しい技術を追い続けなければなりません。変化の多い今を大変だと捉えることもできますが、見方を変えるとものすごくエキサイティングな時代を生きているともいえます。

　私たちが生業にしている IT 技術が暮らしや働き方を変えて、人々の世界の見え方を変えていきます。そういった技術をうまく運用していくことが、本当のサービス運用なのかもしれません。また、どれだけ技術が発展しても、サービスを提供する側も受け取る側も「人」である、という状況はしばらく変わらないでしょう。そうなると、やはりサービス運用で一番大切な要素は「人」です。人が使いやすいサービスや人に役に立つサービス、それを人が運用して、働き甲斐のある暮らしやすい世界を作っていかなければなりません。

　サービスをコンピュータが作って、コンピュータが受け取るようになったら、まったく新しい運用設計が必要になるでしょう。そうなったら、また新しい書籍を書きたいと思います。

　最後に、一緒に運用改善について考えてきた JBS サービスマネジメントデザイングループのメンバー。ポイント君をアップデートしていただいた松村一葉さ

ん。ぜんぜん完成しない原稿を待ち続けていただいた技術評論社の緒方さん。そして、本書執筆にあたり協力していただいたすべてのみなさんに深い感謝を。

　本書がみなさんの助けになり、何か 1 つでも運用が改善されたのならなによりの喜びです。運用現場で働いているみなさんの力が存分に発揮され、それが正しく評価されて、毎日すこしずつ日本のどこかで、運用が良くなっていくことを願いながら筆をおきます。最後まで読んでいただき、ありがとうございました。

2021 年　3 月

近藤　誠司

索引

著者略歴

●近藤 誠司（こんどう せいじ）

　1981 年生まれ。運用設計、運用コンサルティング業務に従事。オンプレからクラウドまで幅広いシステム導入プロジェクトに運用設計担当として参画。そのノウハウを活かして企業の運用改善コンサルティングも行う。

　趣味は小説を書くこと。第 47 回埼玉文学賞にて正賞を受賞。

　著書に『運用設計の教科書』（技術評論社）がある。

お問い合わせについて

本書に関するご質問は、FAXか書面でお願いいたします。電話での直接のお問い合わせにはお答えできません。あらかじめご了承ください。下記のWebサイトでも質問用フォームを用意しておりますので、ご利用ください。なお、ご質問の際には、書名と該当ページ、返信先(メールアドレス)を明記してください。

ご質問の際に記載いただいた個人情報は質問の返答以外の目的には使用いたしません。お送りいただいたご質問には、できる限り迅速にお答えするよう努力しておりますが、お時間をいただくこともございます。なお、ご質問は本書に記載されている内容に関するもののみとさせていただきます。

問い合わせ先

〒162-0846　東京都新宿区市谷左内町21-13
株式会社技術評論社　書籍編集部
「運用改善の教科書」係
FAX：03-3513-6183
Web：https://gihyo.jp/book/2021/978-4-297-12070-2

［カバーデザイン］
西岡裕二

［本文デザイン・DTP］
SeaGrape

［編集］
緒方研一、栗木琢実

運用改善の教科書
～クラウド時代にも困らない、変化に迅速に対応するためのシステム運用ノウハウ

2021年　4月30日　初版　第1刷発行
2022年10月　6日　初版　第2刷発行

［著　者］　近藤誠司

［発行者］　片岡　巌

［発行所］　株式会社技術評論社
　　　　　　東京都新宿区市谷左内町21-13
　　　　　　電話　03-3513-6150　販売促進部
　　　　　　　　　03-3513-6166　書籍編集部

［印刷・製本］日経印刷株式会社